THIS IS THE RIGHT WAY OF LEARNING COMPUTER GRAPHICS

你早该这么学CG绘画

陈 惟　游雪敏　著

● 人人皆可·CG

这个世界上如果没有 CG，大多数人永远都无法走上绘画之路。

——陈惟

Photoshop CC 2015.5
New Features

CG 成就绘画梦

CG 是计算机图形绘制（Computer Graphics）的总称。随着近年来计算机软硬件质量的大幅度提升，CG 在商业领域发挥的优势已经越来越明显，成为广大设计人员、商业美术人员、动画人员采用的主要创作方式。

如果这个世界上没有一种被称为"CG"的艺术形式，当年作为一个理科生的我就没有可能从事艺术方面的工作，同时参与很多艺术创作，成长为具有一定影响力的艺术家。而这一切梦想的成真，全部得益于 CG 这种全新的艺术形式。

培养一个艺术家，需要经历相当长的时间和代价。这其中固然有艺术本身的创造性所带来的各种难度，但是也不乏艺术工具的使用本身与生俱来的局限。我在接触 CG 之前，长期使用铅笔和毛笔进行各种创作。虽然能力获得了一些长进，但是效果却不尽如人意。纵观那些使用传统工具进行创作的大师，不到白头不得人意，其成功的道路太过于曲折艰辛，使得大量的学习者知难而退。这样的情景，我在创作与教学的 10 余年间目睹不少。我在行业内亲眼见证过，不少年轻的艺术家完全无须熟练运用铅笔和毛笔，即可借助 CG 成为炙手可热的艺术红人。

学生名：黄静静　　　　　　　　　原专业：商务外语

学习CG前　　　　　　　陈惟画室CG训练3个月后

◀ 在我的CG画室里，已经有太多的成长案例。一个零基础的绘画学员，只要按照我所设计的CIN绘画训练法科学训练3～5个月，基本能达到图示的水准。这是传统的绘画训练远远不能达到的。

传统艺术需要耗费高额的成本与大量的时间和空间，没有颜料不行，没有画室不行，甚至还得有模特，可是，这些条件都是年轻的大学毕业生基本不可能具备的。然而，这个年代需要他们在尽可能短的时间内实现自己的艺术价值，否则生存的压力就会把他们拖垮。这就是现实，虽然它有点残酷。

CG艺术家的工作室　　　　　　传统艺术家的工作室

同时，这又是一个读图的时代，需要的不是流芳百世的传世经典，而是大量更新的创作速率；需要的不是标新立异的独树一帜，而是旧瓶新酒的改头换面。不管你承认与否，这就是这个时代的商业美术。它不以某个艺术家个人道德价值判断为转移，而以广大民众的欣赏与消费为前提。

并不是画不好石膏素描，不会画油画，就没有资格学CG，或者没有可能成为一个优秀的CG艺术家。

《枕头大战》（作者：飞鸿）

飞鸿（网名：画画的白鹿）是我的学生，凭借自己的勤勉与努力成长为国内 CG 一线大神。他的成长证明了前面的论述，CG 不像传统的艺术有诸多樊篱，只要勤奋、努力，基本上都能获得很好的收成。

CG 就是这么神奇，可以在很大程度上扩展人类的能力，使每个人将创意发挥到极致。

CG 更是一种平民化的艺术，无论男女老幼，只要有足够充分的实践理由，都能够拿起一支压感笔创作属于自己的 CG 作品。我们在日本考察的时候，看到 CG 人员使用的压力感应笔是放到超级市场里贩卖的，就和大白菜一样。同样，我也见过大量非美术专业的人士（如小学教师、公司白领、计算机程序员，甚至摔跤手、保安、木匠）拿起 CG 工具，经过努力最终成为了专业的 CG 美术创作者。这些例子，让我自己都相当吃惊。可是当你深入地了解 CG 创作的诀窍及相关的优势以后，你的困惑就变成了会心的微笑。CG 就是这么神奇。

如果要想投入到当今的商业美术界，无论是插画绘制还是动漫制作，
你都必须优先掌握 CG 技术，并把它作为首选的创作形式和工具。

参与本书编写的还有：王亚非、赵玲、文鹏程、王超群、文成、孙艳菲、肖聪、刘成星、黄正朴、刘军城、周堂飞、陈克谦、高健。

目 录
CONTENTS

读 者 服 务

读者在阅读本书的过程中如果遇到问题，可以关注"有艺"公众号，通过公众号与我们取得联系。此外，通过关注"有艺"公众号，您还可以获取更多的新书资讯、书单推荐、优惠活动等相关信息。

扫一扫关注"有艺"

投稿、团购合作：请发邮件至 art@phei.com.cn。

第一章
你所不知道的 CG

关于 CG 插画的过去、现在与未来

　　作为一个 CG 绘画爱好者，起码要知道 CG 的真实含义、CG 是怎么来的，以及它将会去向何处……这些重要的知识会帮你明心见智，为你未来的学习扫除迷茫！

第一节　CG 是什么

在这个时代，如果不知道什么是 CG，那么你可能就与社会的发展脱节了！然而，很多言必谈 CG 的朋友却并不完全知道什么是 CG。本节将对 CG 的概念进行标准化的介绍。

CG 为 Computer Graphics 的英文缩写，计算机绘图或者设计都称为 CG，如图 1.1 所示。

现在还在看字书的人可谓凤毛麟角了，原因很简单，文字传达信息的效率太低，在信息化高度发达的今天，人们更容易被图像所吸引，人类认知事物的方式进入了一个新的时代——读图时代。

这个时代需要大量的图画快速迭代，以满足人们日益挑剔的眼球，于是传统的绘画方式便被踢出了绘图工业领域，产生了一种名叫 CG 插画的全新艺术形式，也养活了一大堆靠 CG 插画吃饭的画家。

▲ 图 1.1

所以，也可以说，正是时代的需求产生了 CG 插画这种艺术。

过去，大量的绘画作品采用手绘的方式来完成。但是手绘效率低下，加上手绘工具掌握起来非常复杂（如图 1.2 所示），所以能够成为画家的人凤毛麟角。

Graphics 的英文发音建议各位读者还是自行练习，从事 CG 工作的人也应该稍微有点范儿。

▲ 图 1.2

看到这张不到 20 岁的"小朋友"的作品（如图 1.3 所示），也就不难理解为何现在网上大神满天下了，原因就在于 CG 工具的便捷。

▲ 图 1.3

▲ 图 1.4

很多初学者都很关心"就业"问题。学 CG 到底最后能做什么工作呢?

如图 1.5 和图 1.6 所示的两张图展示了 CG 技术中的一种——数字插画(如图 1.4 所示)可以从事的相关职业。

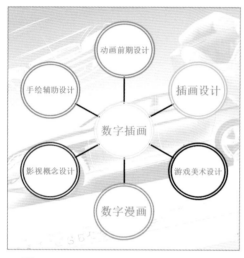

▲ 图 1.5

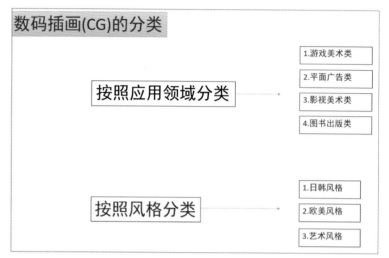

▲ 图 1.6

当然,在实际的行业迭代中,远远不止目前这些,这就留给机智的后辈去开发了。

接下来,介绍一些重要的 CG 插画的表现形式。

两秒钟定律

有人认为数字插画会全面取代手绘,也有人说手绘才有绘画的感觉。其实对于广大的消费者来说,不管是手绘作品,还是利用计算机绘画的作品,都遵循"两秒钟定律"。超过两秒钟,没有人有耐心将目光停留在一张画面上。

版画系的死亡

版画系在众多美术学院里也是一个濒临死亡的专业,其原因也和数码制作取代传统工艺有关。早期的版画为了迎合印刷的需要全部手工制版。后来可以利用计算机制版了,版画就从出版行业里被挤了出来。后来想转到插图行业里(毕竟版画的老本行就是插图),结果照片经过计算机处理就可以直接出图,使得版画最后的路子也被堵死了。

如图 1.7 所示就是《读者》杂志上早期的版画插画(左)和现在的数码插画(右),两者成本有天壤之别。

▲ 图 1.7

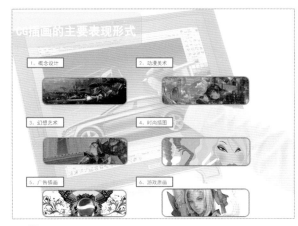

▲ 图 1.8

1. 概念设计（Concept Art）

概念设计就是在影片拍摄之前先将剧本或影片构思视觉化。

这项工作普遍应用于好莱坞大片的前期，以便制作人员理解影片的脉络和风格，为影片制作蓝图，为投资估算投入，为以后拍摄提供参考，如图 1.9 所示为概念设计图。

▲ 图 1.9

2. 图书插画（Illustration）

在传统的图书出版业，大量的 CG 插画家在为各种各样的奇幻小说、杂志绘制封面和内页的插图，如图 1.10 所示，这样的工作养活了大量 CG 艺术家。

CG 行业的就业

作者在教学的 10 余年中亲手把好几百人送到了 CG 的工作岗位，也亲眼目睹了很多学生怎么也找不到工作。

学 CG 找不到工作的原因：

1. 基本的 CG 绘画能力不过关。
2. 思维狭隘，只盯着一两个岗位，不愿意多尝试更多的可能性。
3. 性格偏激，不招人待见。
4. 运气不好。

▲ 图 1.10

中国的电影产业

随着人们的钱袋子越来越鼓，国内的电影票房也迎来了一轮又一轮的狂欢。上亿票房的电影多如牛毛，而几十亿的"现象级"也几乎每年都出。这种现象带来的结果就是需要大量的电影概念美术设计师。一个好的 CG 工作者，只要跟对了电影，基本就会一夜成名。比如：给票房 8 亿的《大圣归来》做美术的早稻和给票房 30 亿的《战狼》画分镜的张一鸣。

如图 1.11 和图 1.12 所示是我为美国小说《圣女贞德》和法国小说《囚徒》绘制的封面。

▲ 图 1.11

▲ 图 1.12

3. 动漫美术（Comic Art）

▲ 图 1.13

动漫是人们认识未来世界的方式。没有人会一直抱着传统的文化形式不放。大家会喜欢有个性的或者说有个人主义色彩的文化作品。所以未来中国的动漫市场是属于 90 后的。因为市场是由人的消费观念决定的，而新兴的人类才真正具备全新的消费观念。所以 CG 在中国所具有的巨大的市场潜力是不可估量的。

如何接外单

我最早是画图书插画的，中外小说封面画过不少。如何才能接到国外的绘画订单？方法很简单：首先在国外的网站上发布作品，之后疯狂圈粉，这样就会有人联系你，接单也就容易了。注意，需要提前准备：

● PAYPAI 账号（没有这个账号，则无法接到国外的钱，国外的公账是无法给国内的私人账户打款的）。

● 一个 Gmail 邮箱。

● 一个翻译软件（除非你的英文非常好，否则怎么都需要一个翻译软件。别以为高中学的那点外语知识够用，那是远远不够的）。

● 一个 Facebook 或者 Twitter 账户（便于和对方及时反馈各种信息）。

什么样的动画电影会死

动画电影有一个规律，以孙悟空为例，凡是突破了经典的孙悟空形象基本上都能被动漫群体所接受，而仅仅是把传统桥段用动画手段做一遍则基本不会成功。日本的《龙珠》是一个案例，票房 8 亿的《大圣归来》是一个案例。因为动漫的本质是反经典、反权威！如图 1.14 所示。

4. 广告插画（Advertising）

在现在这个时代，只要是商业美术领域，就得掌握数字插画的相关技法，广告行业也不例外。数字插画的形式不但大大提高了，广告创意的效率也减少了广告创意的成本，如图 1.15 所示。

▲ 图 1.14

▲ 图 1.15

5. 游戏原画（Game Design）

从事游戏原画设计不仅是很多动漫设计师的梦想，也被视为当今最为时尚的职业之一，而目前国内的网络游戏市场日益壮大，被称为第九艺术的游戏，也逐渐登上了大雅之堂，这就为 CG 插画师提供了一个很广阔的舞台，CG 插画师能在游戏设计中担任原画设计、宣传设计等重要视觉设计职位，如图 1.16 所示。

平面设计师的出路

现在只是单纯地做平面设计，而不会 CG 绘画技术，很快就会被淘汰，原因很简单，平面设计技术正被越来越多的人掌握。

1993 年，如果你在沿海地区会用 Photoshop 排版，一个月至少有 7000 元的收入！这是什么概念呢？那时全国的平均工资是 300 元左右。现在如果你只会用 Photoshop 排版，最多一个月 3000 元，在沿海地区也只有 5000 元。

不过，如果你会一些 CG 绘画技术，就不仅仅是一个排版工了，你可以很容易地在各种广告项目中找到高端的设计委托。

游戏业的泡沫

中国的游戏业在 2012 年左右泡沫吹到了最大，在 2014 年左右爆了，导致现在很多从事游戏美术的人员供大于求，所以新人还想进入这个行业就难上加难。学习 CG 的读者朋友，眼界一定要放开，这个社会需要 CG 的行业可远远不止游戏业。

如图 1.17 所示是我为游戏《地下城勇士》绘制的海报。

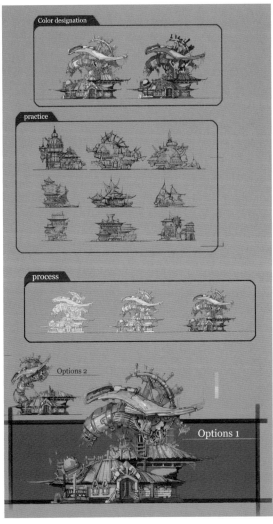

▲ 图 1.16

▲ 图 1.17

《迎风》，2016 年 9 月创作（作者：陈惟）

第二节　CG 的本性

如果 CG 学习者认为，学习 CG 不过就是用计算机绘图工具来实现油画艺术的效果，那么他就大错特错了。如果一个 CG 画家觉得自己的发展是在适当的时候转变成一个纯艺术家，那么他的幻想注定会变成泡影。

我曾经在网上讲过一堂公开课《技术就是第一生产力》，得出一个重要结论：

绘画形式和技法的演变完全是同时代科学技术革新的产物，
不是单纯的人文运动的结果（如图 1.18 所示）。

▲ 图 1.18

早期画家没有太多的便利性"工具"，写实能力局限于人所用的工具，无论怎么努力结果都一样。

透镜时代

从 15 世纪到 19 世纪前后，具体来说是从 1420 年开始，画家们其实已经在普遍地借助"显像描绘器"（camera lucida）、"暗箱"（camera obscura）和"凹面镜"（concave mirror）等光学仪器。这个时候的西方绘画突然变得精密细致起来，具有完美的构图、无可挑剔的透视画法和神奇的光影效果。

透视工具的使用使得立体观察和平面绘画之间的鸿沟终于被填平了，画家们画出了相对写实的人物形象。但是这种进步也仅仅是相对的，客观来看，在人物的真实性还是有很多不足的！

经常有人问我诸如这些写实的面部是如何完成的等问题，但是如果他看完我作画的过程（如图 1.19 所示）又该作何感想？不使用工具，人是不会获得超人的能力的。

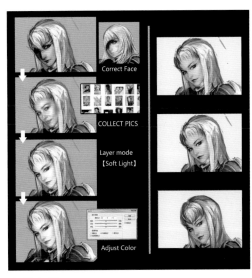

▲ 图 1.19

在透镜产生以后，人们根据"小孔成像"原理，用一组透镜组合成了一个投影装置。被描绘的人或者物体位于画室的外面，而画室则非常幽暗，它留有一个很小的壁龛，投影装置就在这个壁龛之中；投影装置将投影投在幽暗画室的画布上，人物或物体形象得以呈现，只是一个反向逆转的图像。画师们就按照这个反向逆转的图像进行素描和描摹，于是一个具有极强光影效果和强烈焦点透视的三维写实绘画诞生了，如图 1.20 所示。

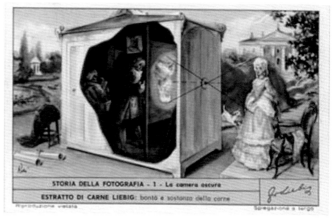

▲ 图 1.20

在之后的数百年间，这类光学技艺的影响在画坛不断增强，各种光学设备的运用更是到了炉火纯青的地步。所以你会发现人类的写实水准慢慢逼近了极限，这种情形一直延续到 19 世纪上半叶。但是依靠透镜进行人物描摹毕竟还是有便利上的缺陷的，比如需要有模特保持一定时间的固定姿势，同时也需要精确地架设设备。另外，成本也是一个巨大的障碍。

摄影时代

照相的发明改变了这一切。照相能以化学方法使各类透镜投射的画像定影，从而不再需要任何形式的人工干预，这从根本上动摇了借助投影器作画在画坛的霸主地位，也给写实绘画带来了许多全新的思维。所以当用达盖尔银版法拍摄的照片刚问世时，与安格尔齐名的法国画家正是由于透镜呈现这种对于尺寸的明确限制，所以在画幅的尺寸过大的情况下会发生画家不好掌控的问题。超过了 1 米的画作，人物由于分段呈像再合成，往往会显得比正常人高大许多，或者局部（比如手臂、腿等）变得超出正常的透视比例，如图 1.21 所示。

巨大的右肩

▲ 图 1.21

蒂姆·吉里森（Tim Jenison）是一个天才发明家，不但靠着自己的发明两次获得了艾美奖，还用 14 年的时间搭建了一个真实的场景，模拟了 350 年前荷兰大画家维密尔使用透镜创作的秘密，如图 1.22 所示。

▶ 达盖尔银版法（Daguerreo type），又称银版照相法，它被公认为照相的起源，由达盖尔发明于 1839 年。即在研磨过的银版表面形成碘化银的感光膜，于 30 分钟曝光之后，靠汞升华显影而呈阳图。达盖尔可能是公认的摄影术发明人。

▲ 图 1.22

保罗·德拉罗什（Paul Delaroche）曾宣称："从今天起，绘画将寿终正寝。"以化学方法拍成的照片使绘画创作与借助透镜进行观察的方法产生了彻底的决裂。

所以到了 20 世纪以后，写实绘画逐步退出了主流的绘画领域，完全的写实被看作是与照片一样毫无艺术价值的工艺品。

数码时代

手绘的写实作品成本太高，并且是静态的，而照片又缺乏绘画的艺术感染力。这个时候计算机的写实绘画恰恰弥补了这些缺点。在 21 世纪产生的 CG 绘画不但是一种高效环保的创作工具，更为重要的是，几乎每个美术爱好者经过专业的培训都能掌握，根本无须天赋上的筛选。而这种数码化的图像虽然没有什么博物馆的收藏价值，但是其在游戏、影视、动漫、插图出版等众多的商业领域都获得了巨大的支配力。

如图 1.23 所示为我为游戏《王国战争》所作的写实绘画。类似这样的作品，制作时间只有不到 6 天。而采用传统工具绘画，至少需要 4 周以上的时间。

以上便是人类写实绘画历史的真实写照。在阅读人文作家的艺术试论中，往往只能看到一种对情怀的捍卫，

▲ 图 1.23

宣扬大师的天赋、浪漫的故事、惊人的灵感、动荡的人生等，而在这张图里，你却能看到工具的革命所带来的人的能力的成倍扩展。这里没有那么多不可捉摸的天才，只有一个又一个务实的聪明头脑。你可以想象一下，如果你也能把握一些更加便利的工具，以你现有的能力是不是能够更好地发展呢？

比如，像派黎思这样被喻为 20 世纪伟大的艺术家，会在摄影术的帮助下把杂志上的图片剪贴下来拼合成一张草图，再照着草图作画，如图 1.24 所示。

超级写实的衰落

在 20 世纪 60 年代兴起的照相写实主义则是一种回光返照式的反弹。而此昙花一现的流派也是借助现代化的投影仪和高精度的摄影技术才得以在技术上实现的，和画家们的绘画能力并没有 100% 的对接关系。

如图 1.25 左图所示为四川美术学院院长罗中立的代表作《父亲》，此作品为新中国超级写实的代表；右图为罗院长目前的作品风格。这种转变恰恰说明了只要是真正成熟的艺术家必定抛弃写实。

▲ 图 1.24

▲ 图 1.25

CG 得以产生的物质条件目前看来至少有以下三个（如图 1.26 所示）：

- 计算机设备的发明与发展。
- 手写输入设备的发明与发展。
- 绘图软件的发明与发展。

CG 是一种从科学技术中产生的艺术形式。

看了上面的内容后，估计大家对技术在美术发展中的作用已经有了一些了解。那么接下来就要说说 CG 的"本性"到底是什么。

但凡谈到 CG，人们必加上"艺术"二字作为后缀。其实"艺术"二字往往扭曲了人们对于 CG 本性的认识。CG 根本就不是什么"艺术"，

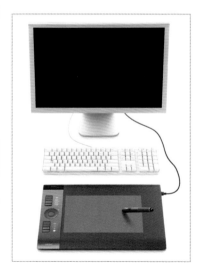

▲ 图 1.26

不过是一种"产品"。那么什么是大众眼中的"艺术"呢？产品又该怎么理解？

所谓大众眼中的艺术，不过就是"随心所欲""天马行空""我行我素"的代名词。然而，CG与传统美术截然不同。CG需要一个画家具有逻辑思维，具有换位思考的能力，以及严谨的分析与制作能力，种种能力都是为了客户市场而生的。

从CG产生的历史来看，没有哪一次重大的软硬件革新是和经济利益无关的。

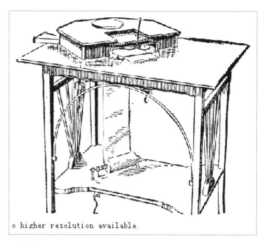

▲ 图 1.27

**试想，没有客户市场，没有经济利益，没有成本问题，
CG有什么价值呢?**

比如：1888年，美国电气工程师以利沙·格雷发明了人类历史上第一台手写同步输入系统。当时的主要用途是作为传真机使用，这也是人类历史上最早的打印机，如图1.27所示。

而自二战之后，直到20世纪70年代，都是军事工业大发展的时代。在整个70年代里，各式各样的手写输入工具被开发出来辅助科技、军事领域的工作。

《阿基里斯与龟》是一部由日本著名导演北野武导演，由北野武、樋口可南子、柳忧怜主演的一部剧情片。值得每个学习美术的人看，如图1.28所示。

在艺术领域内，似乎常常能够听到关于"穷画家"的故事。"艺术家"这个词一出来，大家的脑海中是否出现了一幅冷冷清清凄凄惨惨的景象？瘦长的身影在枯黄的油灯下颤颤巍巍地拿着一支画笔。但是这不过是《梵高传》之类的艺术野史给我们造成的错觉！你所不知道的是，真正成功的艺术家，往往都是名利双收的。

▲ 图 1.28

但是由于军用产品不计成本，无市场选择机制的广泛参与，所以这些手写输入设备都和绘画无关。

直到20世纪70年代末期，乔布斯才开发出了第一款真正意义上的家用计算机：苹果1号（如图1.29所示）。它的产生显然和艺术需求无关，但是却极大地刺激了更多的人投入到追求经济利益的各种软硬件开发中。

之后，就产生了Photoshop、Painter、Wacom这些不同的软硬件厂商。

▲ 图 1.29

在 20 世纪 90 年代初期，游戏美工已经可以借助简陋的手写工具完成如图 1.30 所示的画面，但是无论工具如何简陋，凭借耐心、细致、技巧，优秀的游戏美术师仍然创造了一代又一代经典的传奇。

后来，随着数位笔压力感应指数的上涨及绘图软件的不断强大（如图 1.31 所示），CG 这一绘画形式终于成形。但是这背后的原始动力来自于各种不同产业的支持。比如游戏业、影视业、动漫业等。如果没有它们带来源源不断的金钱，我想几乎不可能有人去画 CG。

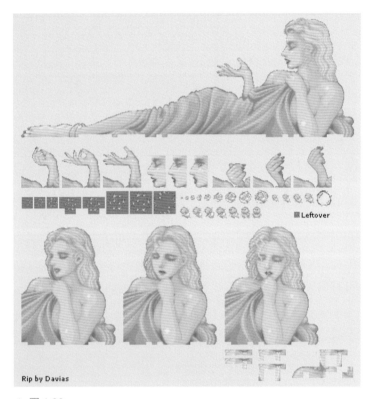

▲ 图 1.30

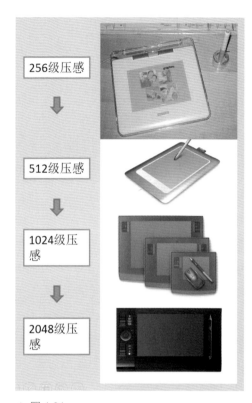

▲ 图 1.31

1945—1951 年，美国海军旋风海航模拟系统是所有计算机绘图的开始（如图 1.32 所示）。自此，几乎人们日常生活中的各种技术成果大部分都是军用技术的淘汰产物。

1981 年，美国作曲家、歌曲写手、摇滚明星 Todd Rundgren 为个人计算机发明了第一款彩色的手写输入软件系统，如图 1.33 所示。

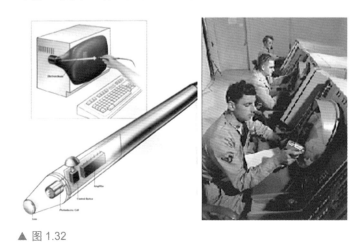

▲ 图 1.32

▲ 图 1.33

1984 年，一个名叫大卫·索恩贝格的人开发了一块"考拉"绘画板。这个电子绘画板主要是作为一款低成本的 8 位机绘图制作工具而产生的。它与艺术也无关系，主要是为了能生产 8 位电子游戏机的图像。我小时候玩的那些电子游戏大部分都是用"考拉"绘画板画出来的，如图 1.34 所示。

Koala Pad Touch Tablet by Koala Technologies Corp.

▲ 图 1.34

所以，纵观整个 CG 产生的历史，可以发现一个支撑 CG 的关键词——"产业"。

正是因为有了"产业"，才有了 CG，所以 CG 插画根本不是什么艺术创作，而是一种标准的工业生产。这不是我个人的臆断，而是从 CG 产生的历史条件、物质条件，以及社会应用看到的真相，如图 1.35 所示。

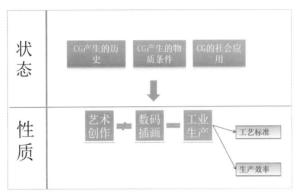

▲ 图 1.35

而作为一种生产行为，必须兼顾"工艺标准"与"生产效率"这两个具有矛盾关系的尺度。

比如：一个 CG 画家需要保持自己作品的精雕细刻，但是如果为了所谓的作品质量而不计成本和时间，那么在作品的数量上就会落后，这种落后的结果就是作品更新慢，而在互联网时代，更新慢意味着死得快。所以真正成熟的画家应该让自己的作品做到比行业的平均水平高一点点，之后就是不断地提高效率。但是，很多 CG 画家不是这样想的，所以他们往往很难在快速更迭的网络 CG 绘画领域竞争中获胜。

生产是学习和创作 CG 的总原则，一切技法和思想都是在这个基础上诞生的。我的 CIN 新概念 CG 学习法也是这个基础上发展而来的，它代表着理性与务实。

所以，如图 1.36 所示的"本质"与"误解"图对比了人们看待 CG 的两种截然不同的观点。

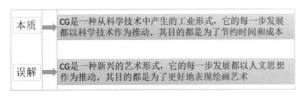

▲ 图 1.36

所以我最讨厌别人叫我艺术家，因为我是从事 CG 绘画的，的确和传统的艺术家不是一回事，我更希望别人叫我设计师。

《罗德岛战记·妖精的森林》，2013 年 10 月（作者：陈惟）

第三节　学CG需要进科班吗

　　在开始学习之前，需要了解一些CG甚至是美术学习的基本常识，也许你会觉得这些常识是一些陈词滥调的"老玩意儿"，但这些都是实实在在的经验和深刻的教训，在长达6年的教学生涯中，普遍地出现我的学生身上。你或许没有其中谈到的所有问题，但是这些经验的总结一定能与你正在经历的某些心路历程产生共鸣。

　　人人都有所谓的梦想，而CG学习者的梦想无非就是"成为一个画师"（如图1.37所示）。但是成为一个画师不过是嘴巴上冠冕堂皇的托辞，其实内心深处无非也是想实现以下生活目标：

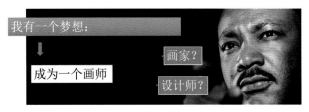

▲ 图1.37

- 可以随心所欲地画出自己想要的东西。
- 成为大师的感觉良好。
- 自由自在的生活。

但是实现以上三点可不是简单的几句话就能做到的，需要想通以下3个问题：

- 学习CG的原始动力是什么？
- 是否有一辈子都无法从业还能热爱CG的决心？
- 你对CG了解多少？

　　对于第三个问题，只要读完了本章第二节应该就能明白不少；对于第二个问题，需要时间才能想明白；但是第一个问题，是现在就可以问清楚的——在镜子面前看着真实的自己，然后坦诚地问自己这个问题，我想你会有切实的答案。

　　学习艺术和学习别的技能、学科一样，并没有太大的差别．其本质在于"个人意识品质"的问题，并非外因使然。

　　我是理科生，在第一天学习艺术的时候，根本不相信那些什么"天赋""灵感"之类的含糊其辞，我仅仅使用理科的逻辑思维和分析手法，加上持之以恒的练习，4年内从完全不会到成功地学好了艺术。我并不觉得会画画有什么了不起，绘画这种行为和人类的其他行为一样，不过是一种每个人都可以激发的本能而已。所以，如果一个数学家非常渴望成为一个艺术家，也是完全没有问题的。

　　前一阵看到"CIN自学群"里在争论这样一个问题：美术科班出身好不好？

　　意见分成两派：一派认为科班出身肯定要好一些，因为有环境，有老师和同学，还有大量的时间；另外一派则觉得只要掌握了规律，勤学苦练也能成功。

　　其实，提出美术科班出身好不好这个问题的无外乎以下4类人：

- 无法选择美术学院的自学者。
- 可以选择考美术学院的中学生。
- 已经在美术学院毕业，画得很不错的。
- 美术学院毕业，但画得不好的。

第一类人的答案

对第一类人来说，既然已经无法进入所谓的科班，那么进不进美术学院也就显得毫无意义。句子变成了一个假设句式：要是我当年如何，那么现在就会如何。我们都会不由自主地假设过去，包括我本人在内。虽然这是一种认知障碍，但也是一种与生俱来的本能。假设过去是人们不愿意面对现实的一种心理逃避机制，如果不严重，对人没有伤害，要是执迷不悟，就需要引起注意。

▲ 图 1.38

所以如果你没有机会进入美术学院，那么就安心自学！难道没进武校就不能自己习武吗？没进声乐系就不能自学唱歌？难道没进中文系就不配写文章吗？我们都知道，阿童木的作者日本漫画之神的专业是医学博士。

第二类人的答案

对第二类人来说，命题变成了："我喜欢画画，是不是非要考美术学院？"这时，这个问题就需要具体权衡了。我以前就做过一些分析：大学四年耗费金钱 10 来万，同时还要花大量的时间应对美术专业以外的事情。每个大学生都需要在很多捆绑课程上花费大量的学习时间。但是大学可以让人在无压力的状态下获得自己对人生的思考和体验。只不过这种体验并非每个人都能充分获得。

> **读大学是需要有一定"素质"的。自控力、分析能力、抗压能力等如果不够，大学四年浪费时间的大有人在。**

大学不是职业培训，也并非人人都适合。如果把画画当作谋生手段，读大学并非一个必要条件，社会培训完全可以充当更好的替代品。所以有人说现在的大学生不好找工作。大学是给人体验生活和提高境界的地方。所以，如果想提高自己的艺术修养，丰富自己的人生，在一个无压力的环境下慢慢成长，读大学也未尝不可。当然，对未来的发展和工作，大学可不敢给出保证。

我们当年学动画的一共有两个班，大概有 40 个学生。后来仍然从事与动画相关的工作只有不到 5 个人。大部分同学都转行做了其他工作。那么大部分人在大学四年都做了什么？做了自己喜欢的事情。具体说来就是：体验生活。

所谓"科班"，也不是一个固定的概念。进入不同的美术大学，分到不同的科系，遇到不同的老师或者同学，都可能对你产生不同的影响。其中有利于你画画的，当然也有不利于你画画的。所以描述科班如何这本身就不是一个准确的说法。

总结

如果你是一个本来就不需要老师而是可以靠环境自学的人，家里又不缺钱，进入大学是没有问题的。但是这样的人多吗？

第三类人的答案

你如果是科班出身，你的科班教育又获得了你的认同，比如你遇到了好老师或者好的学习环境，最终你画得很好，那么你有可能会说："学习美术必须进科班进行专业的学习。"

因为这种答案完全符合你的经历。但是，如果你恰好进了一个"虚假大学"，大学等于自学，甚至连自学都不如。那么你或许会有相反的答案，因为这也完全符合你的经历。

公说公有理，婆说婆有理，那么问题就变得无解了。其实，明眼人都看得出：如果你画得好，又是科班出身，你告诉那些没有可能进科班的美术学习者科班有多重要，你不是在帮他们，是在暗示他们你们怎么努力都是没用的。任何对于学习有阻碍的暗示，都要引起警觉。

在任何自学的领域内，都有一些所谓的前辈和高手，给后来者强调一些他们根本不可能拥有的条件。这种强调变成一种暗示，成为了学习的阻力，让自学者永远抬不起头。

比如有的人很在意自己的作品放到网上被人喷。行里有一个资深人士，他对待意见的态度也让我学到不少，这里分享给大家。

● 给自己改作品的人绝对是难得一遇的，这个学习机会不要放过。当然改作品很辛苦，一般人是不会轻易给你动笔的。

● 对于前辈、专家的意见，如果是鼓励我的，则接受；提出建设性意见的，也要接受；不提出好的建议，只是单纯打击人的，则远离。毕竟是因为差才需要学习，而学习需要持续的动力而不是阻力。

● 对于网络意见，大部分是一些外行说的形不准、结构有问题等。

在这个圈子里，喜欢刻意打击别人的人也是有不少的。熟知心理学的朋友都知道：人都想获得优越感，但关注点不一样，有些人把关注点放在自己身上，通过提升自己的实力以超越对手而获得；有些人则把关注点放在别人身上，通过贬低别人获得自身心理的抬升，但这往往只是一种虚假的心理优越感，除了让自己好受，没有任何益处。在现实生活中，这种人经常会体验到一种挫败感，经常看不得别人好，是一种不太健康的心理。

总结

一旦遇到刻意打击别人又不给解决方案的这种人，就离他远一些，无论他是什么了不起的大人物。

作为自学者，你需要的是进步的动力，不是那些别有用心的打击。

如果一个自学者连这点都看不透，也只能说前景堪忧。

第四类人的答案

有一部分人看了我对 CIN 训练法和传统训练法的比较后，开始提出"学美术科班出身好不好"这样的问题。很明显，他们是在怀疑自己的过去，这大可不必。道理很简单，首先，过去是改变不了的，想多了也没有用。但是要想真正理解 CIN 的好处，对传统的训练有一些了解肯定比一无所知要好。

新东西之所以说它新，是相对于旧而言的。如果你连旧的东西是什么都不知道，新的东西对你来说也未必是新的。所以我常常建议美术自学者博取众家之长，互为对比。

比如：到现在还有很多科班出身的同学在纠结色彩的问题，因为那套配色的思维从他们学习美术的第一天就被植入了大脑，难以改变。有时一张白纸反而更好画画。

（提示：凡是色彩问题，请参考我在高高手上的《CG 上色终极解决之道》。）

总结

训练面前人人平等，和科班与否没有关系。虽然我们每个人都喜欢自己周围的环境有利于自己，但是现实的情况却并不总是这样的。

▲ 图 1.39

你的计划是：我喜欢画画，想从事画画的工作，所以我要学习。自学或者报班，然后就能顺利地进入游戏公司，然后就有了都是画画的小伙伴的环境。于是自己就进步成了高手，终于过上了每天画画且名利双收的日子。

如果你这样想，我保证你不会那么如意。因为你设想的每一个情景都是高度理想化的。你怎么知道你学的方法一定是对的？即使报了班，你怎么知道这个班的教学适合你的接受度？毕业后你怎么知道游戏公司就在那个时间点正好有适合你的位置？即使你进入了公司，你怎么知道你的工作内容对你的画技会有提高？不能保证的事情太多了。

你只能做到一点，就是告诉你自己你到底为什么选择画画？是一份谋生的工作？还是为了一个专家、资深人士的称号？

有些人认为自己既努力又聪明，就差一个所谓的环境。但我要说的是，或许环境变得如你所愿，可能你的内心又变了。因为"你"本身就是成功这个方程式中的一个变量。

一个从小就爱画画的人，到了大学就再也不画了，因为成就感发生了转移。以前在中学因为自己画得不错而自我感觉良好，而到了大学发现画得好的人比比皆是，结果学音乐反而更能证明自己。一些经过千辛万苦终于画得不错的同学如愿以偿进了游戏公司，以为到了天堂，结果当他们在公司里的职位越高越懒得画。不是人变得懒了，而是成就感发生了转移。

环境并没有变，不管是游戏公司，还是科班，既不是天堂，当然也非地狱。关键是你的立场随时在变。当你觉得自己什么都不缺，只缺钱的时候，你觉得钱能解决你的所有问题，结果你变得有钱以后，你会发现自己还需要一份真爱……万事总有不如意，因为人的需求在增长。

没进科班的时候，把艺术学院想象成天堂，进入其中以后，发现不过如此。进过美术学院的人把学校说得一文不值，结果出来以后发现自学无比艰辛。

这就是一个典型的围城心理：里面的人想出来，外面的人想进去。

> ### 但是如果很在意能否成"大神"，你还是祈祷一下吧。

当然对于那些总是自我负面暗示，自己不是科班出身就必定输人一等，那么我劝你先做一下自我心理疏导，学会理智地处理事情。

我就是科班出身，自己在科班也教学 10 多年了。同行及兄弟院校交流次数多得我自己都数不过来，科班平均水平并没有你想的那么高。还有很多大学毕业以后连右脑观察都没解决的学生。

只要有好的方法，以及好的学习习惯，加上有网络给你圈子——周末有空参加业余美术培训，网上听在线课程。有条件再进行专门培训，并且持之以恒，达到大部分科班学生的水平是很容易的。

　　如图 1.40 所示的三幅作品分别来自三个我在不同时期所教授的非科班学员。他们原本的专业分别是计算机、生物制药及会计，在配合了科学绘画训练的前提下，分别在一年左右就能达到此水平。

▲ 图 1.40

　　没有进科班院校学习不用感到自卑，一张白纸好画画，训练面前人人平等。进过科班院校学习的人则更要发挥自己的优势，仍然虚心学习。毕竟学无止境，你所学的知识远远不够。

　　综上所述，我们不难看出，要想学好 CG 插画，无论是自学还是找培训班，都必须清楚什么叫"艺术家的理想加脚踏实地的工作"。没有远大的理想最终什么也学不成，而如果没有普普通通、脚踏实地的实践，任何理想都是泡影。

《孩子们的战争》，2015 年 6 月（作者：陈惟）

第二章
CG 绘画的超强装备

关于 CG 绘画的各种软硬件设备

"工欲善其事，必先利其器。"在所有的学习开始之前，我们必须先准备一些基本条件。如果不具备这些条件，那么不可急于去做一些技术性的练习工作。

第一节 CG 的硬件

大家知道在我教 CG 插画的十余年中，初学者问我最多的一个问题是什么吗？

绝对不是画画的问题。

而是："老陈，我应该买什么样的设备呢？"

毕竟如果买错了东西，对于学生来讲也是不小的损失。当然，如果你钱多到花不完，看不看攻略也就不重要了。

本书会从"手写设备""传统工具""计算机设备"及"辅助设备" 4 个方面详解 CG 绘画所需要的相关设备，如图 2.1 所示。

▲ 图 2.1

如图 2.2 所示为我所使用的装备大全，靠着这些装备我在 CG 界闯荡十余年。

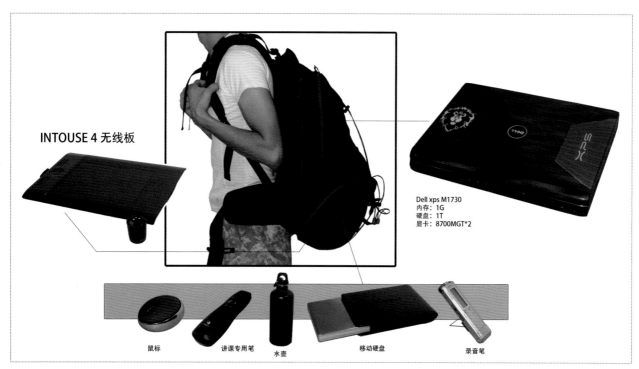

INTOUSE 4 无线板

Dell xps M1730
内存：1G
硬盘：1T
显卡：8700MGT*2

鼠标　讲课专用笔　水壶　移动硬盘　录音笔

▲ 图 2.2

一、手写设备

如果你想用计算机画画，那么你必须购买类似于我们平常写字画画使用的画笔和画板。这种手写输入设备叫"数位板"，也有人叫"手写板"，还有人叫"电笔"，甚至还有一个早就被人遗忘的官方名称：数字化手写输入仪（如图 2.3 所示）。

电子笔不但可以像手写板一样写出字，而且笔头具有压力感应，可以根据用力的大小，模仿出用不同压力画出的图像，这样可以模仿毛笔等画出层次分明的水墨画等，价位几百到几千，甚至几万不等。

▲ 图 2.3

数位板都有哪些品牌呢？其实数位板的品牌很多，目前市场上主要有 BOSTO、Wacom、汉王、友基、高漫等，好多厂商还在陆续加入。总的来说，Wacom 的产品最丰富，而 BOSTO 的产品性价比最高（如图 2.4 所示）。

▲ 图 2.4

1. 数位板的类型

绘画板也有多种类型，大致分为三个类型。

● *绘画数位板（又称手绘板）。*

所谓手绘板，就是需要连接计算机使用的绘画板，如图 2.5 和图 2.6 所示。

▲ 图 2.5

▲ 图 2.6

●绘画手写屏（又称绘画屏）。

绘画屏就是需要连计算机，但是自带屏幕的绘画板。目前还有一种笔式平板电脑，在绘画板上就集成了计算机，如图2.7和图2.8所示。

▲ 图2.7

▲ 图2.8

●绘画一体机。

绘画一体机就是可以在屏幕上直接绘画的一体机——将传统分体台式机的主机集成到显示器中，从而形成了一体台式机。

如图2.9、2.10所示为 BOSTO -X1 一体机，是追求品质的绘画爱好者的首选。

如图2.11所示为采用 BOSTO 画出的作品《妖精的森林》。

▲ 图2.9

▲ 图2.10

▲ 图2.11

这三种产品的定位不同。首先，并不是越贵越好，要根据自己的需要做选择。比如，BOSTO 13HD。这款产品可以直接在屏幕上作画，如图 2.12 所示，其笔压和流畅度都非常好。然而，其价格却还不到日本同类产品的一半。

至于选择手写屏还是手写板，也要根据个人的使用习惯来选择。手压在屏幕上会挡住部分画面，这不是每个人都可以接受的。而有一些人则很喜欢那种和在真实纸上绘画一样的视角。

2. 数位板的原理

数位板硬件采用的是电磁式感应原理，在光标定位及移动过程中，完全是通过电磁感应来完成的。在数位板的板子内，有一块电路板，上面有横竖均衡排列的线条，将数位板切割成一定数量的正方形。板面上方产生均衡的纵横交错的磁场，笔尖在数位板上移动的时候，切割磁场，从而产生电信号。通过多点定位，数位板芯片就可以精确地确定数位板笔尖的位置。因此在移动数位板光标的过程中，笔不需要接触数位板就可以移动，感应高度一般为 15 毫米。有源无线的数位板原理和无源无线的有一定区别，有电池的笔本身可以释放出一定的磁场，而无电池的笔则通过将数位板产生的磁场进行反射来完成。压感产生于笔中的压力电阻，压感通过磁场信号反馈到数位板上，如图 2.13 所示。

3. 压感

常常听人说压感多少级，其实就是电磁感应的灵敏程度。所以压感越大，绘画时的感觉就越灵敏。

Wacom 的影拓 PRO 是目前压感最为敏感的，超过 2048 级，号称 8192 级。至于很多号称 8192 级的国产货其压感也顶多介于 1024~1148 之间。购买的时候千万别只听商家说，超过 2048 级压感，目前只有 Wacom 做到了。别的品牌最多就是 2048 级，如图 2.14 所示。

▲ 图 2.12

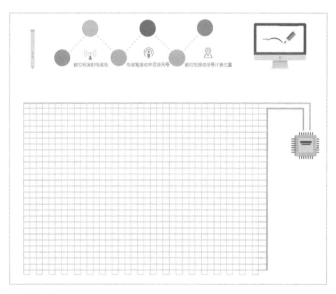

▲ 图 2.13

▲ 图 2.14

4. 数位板的保养与使用

现在很多厂商都在压感笔产品里提供了替换的笔芯，这些笔芯类型十分丰富，有磨砂质感，也有弹簧质感的，如图 2.15 所示。

笔尖的更换也有专门的工具。如果找不到专门的工具，使用牙齿是一个有效的选择。但是切忌使用指甲刀一类过于锋利的工具，一旦你的笔尖断到里面就只有返厂了，如图 2.16 所示。

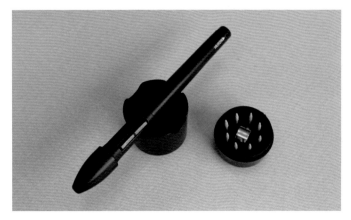

▲ 图 2.15

▲ 图 2.16

5. 附加功能与驱动

现在很多数位板都带有蓝牙功能，无须用线连接，同时部分还带有触摸功能，可以替代笔记本上的触摸控制面板。

同时值得注意的是，每个手绘板都能自己设定自己熟悉的笔压感应。每个人的力气大小不同，绘画时产生的力道也不一样，如图 2.17 所示。

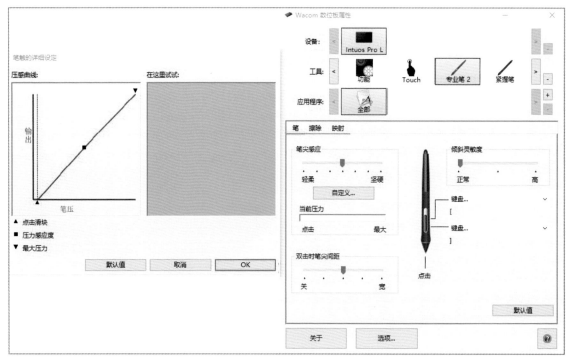

▲ 图 2.17

6.笔的防护与放置

压感笔属于精密产品，尽量不要摔，也不要泡水或者放置在高温的地方。产品一般都自带笔座或者笔盒。平时绘画放置在笔座上，长期不用就放置于笔盒内，如图2.18和图2.19所示。

▲ 图2.18

▲ 图2.19

7. 正确的坐姿

要想正确地使用数位板，必须要了解设置快捷键的重要意义。很多学习者都不会主动设置快捷键，主要是觉得麻烦。其实正确地设置快捷键，并且主动适应和使用它们，不但会让你的工作达到事半功倍的效果，同时更大程度上保护了你的身体健康。这种长时间的疲劳使肩膀和颈椎的肌肉劳损最严重，时间长了会引起一系列不适，这种疲劳积累到一定的程度，严重的会造成不可逆转的损伤，如图2.20和图2.21所示。

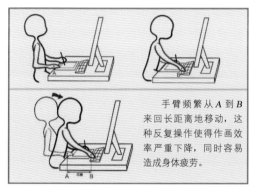

▲ 图2.20

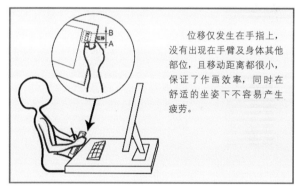

▲ 图2.21

如图2.22所示为我本人设置的快捷键，纯属个人习惯，大家可以参考。

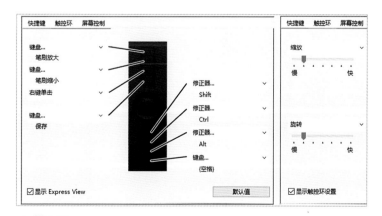

▲ 图2.22

8.Windows 10 系统中数位板卡顿的问题（小助手作）

由于 Windows 10 本身集成了一个手写板系统，所以会和我们自己安装的手绘板有冲突。

首先，打开"开始"菜单，选择"Windows 管理工具"→"服务"命令。找到"Touch Keyboard and Handwriting Panel Service"服务项，双击此选项，在下拉列表中选择"禁用"选项，在"服务状态"中单击"停止"按钮。

在 Windows 7 系统中，进入 C：\Windows\system32，找到 services 并双击。然后选择"Tablet PC Input Service"选项并双击，设置"启动类型"为"禁用"，设置"服务状态"为"已停止"，如图 2.23 所示。

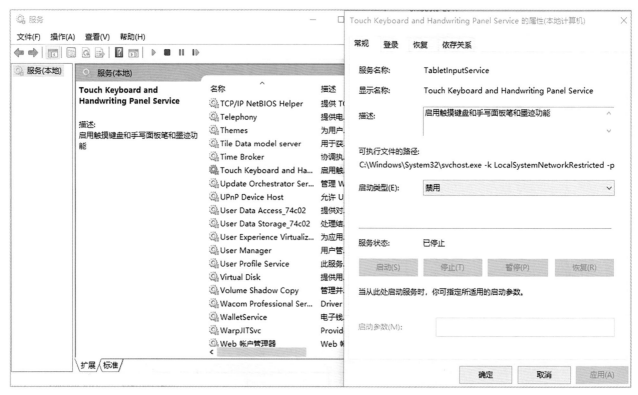

▲ 图 2.23

其次，数位板与计算机连接正常的时候，按快捷键 Windows+R，输入 control.exe 并确认后会自动打开控制面板窗口。在右上角将查看方式改为"大图标"，然后打开"笔和触控"对话框，设置"长按"选项，并取消选中"将长按用作右键单击"复选框，如图 2.24 所示。

二、传统工具

除了电子设备外，你还需要准备一些基本的手绘铅笔工具。因为我们需要在练习本上有规律地做速写练习。

速写练习的绘画工具一般以铅笔为主，具体要准备的工具有：木制铅笔、彩色铅笔、自动铅笔和橡皮。工具作用如下：

● 传统铅笔：价格低廉使用较广，可表现丰富的灰色层次。有 H 型、B 型、F 型等型号。我们选择三菱的 H 型和 F 型来绘制原画，如图 2.25 所示。

● 自动铅笔：在勾线和刻画细节时配合使用，画出来的线条根据笔芯的粗细有所区别。一般原画常用 0.3 ~ 0.35 的粗细，如图 2.26 所示。

▲ 图 2.24

▲ 图 2.25

▲ 图 2.26

● 蜻蜓橡皮：由于原画的铅笔训练都是在不大的纸张上进行的，所以传统的橡皮往往很难精确地擦除错误的地方，这时你需要一种类似自动笔的橡皮，如图 2.27 所示。

● 彩色铅笔：在起形的时候可以使用红色或者蓝色的彩色铅笔作为辅助。这两种铅笔的特点就是扫描仪很难扫出，所以即使后期用别的铅笔加工细节，前面的痕迹也不会产生明显的视觉影响，如图 2.28 所示。

接下来要准备一个速写本，不能太小，不能准备像名片纸大小的，至少要接近 A4 纸大小，也不要太大，不要准备 A3 纸大小的，太大不便于携带，如图 2.29 和图 2.30 所示。

我的速写工具如图 2.31 所示。

绘画的准备工作，是绘画步骤中最容易被忽视，也是被普遍认为最不重要的阶段。我经常看到很多学生在开始作画前，一是所需工具准备不齐全，二是缺少绘画前期工作，比如画纸不铺开或者胡乱摆放、绘画铅笔未事先削好、未收集要用到的参考资料等。这些看似很琐碎的小事，却往往会干扰到绘画者，使得作画时很难保持连续的思维，最后不但效率低，画面效果也不好。我在长达数年的教学生涯中，曾经见过不少学生只是稍调整了作画习惯和工具使用，就使得画面的最终表现效果得到了大幅度提高。

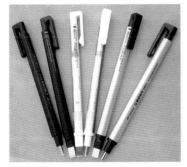

▲ 图 2.27

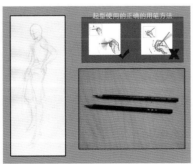

▲ 图 2.28

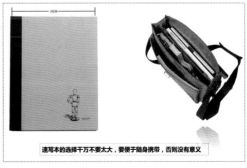

▲ 图 2.29

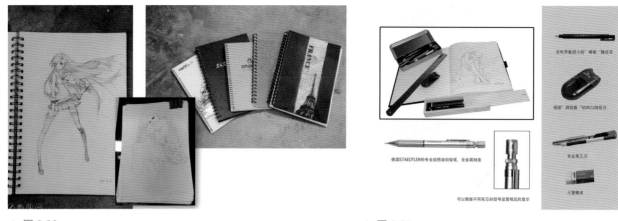

▲ 图 2.30　　　　　　　　　　　　　　　　　　▲ 图 2.31

三、计算机设备

计算机的选购对于初学者来说是一个比较头疼的问题。但是如果你稍微懂得一点网络知识，并且愿意花时间，配到满意的计算机是不成问题的。因为现在计算机市场的价格都很透明，所以商家的利润也不高，所以一般看价格就能简单地分辨出计算机的质量（如图 2.32 所示为市场上的大牌）。

那么要想买到配置理想的计算机，建议按如图 2.33 所示的步骤进行选择。

现在网络咨询非常发达，许多专业的论坛都提供免费帮会员写配置的服务（你注册以后，发帖说你的预算和需求，比如希望显示器好一些等，之后就有很多高手帮你写出配置，你只需要拿着这些配置到网上购买即可。

▲ 图 2.32　　　　　　　　　　　　　　　　　　▲ 图 2.33

电子产品的商业规律

计算机一般三四年基本就会更新换代。所以早买早用，不要等待降价。因为很多家长和学生并不知道计算机 IT 市场的规律。商家为了保持利润，通常会通过不断升级产品来维持一个品牌的价值，可是旧东西往往就停止了生产，余下的存货往往不会跌，反而还会涨。因为通常新产品也不会比旧东西好到哪里去，的确在某一方面会好一点，但完全不值得为它多花钱。而那些商品特价，都有着消费者所不知道的原因。所以期待着什么时候会便宜，而去做无谓的等待是没有意义的。大学一进学校就应该去买一台属于自己的计算机。

预算在 6000 元以内的人可以买台式机，而预算达 10000 元的，可以考虑买高性能的笔记本计算机。因为很多 CG 学习者的工作和学习都具有一定的流动性，台式机搬来搬去很不方便。加上台式机通常比笔记本寿命短得多，所以能够配备笔记本的人可以考虑这种选择。在尺寸方面，女生和小个子男生选择 15 寸或者以下的。身体比较壮实的可以选择 17 寸以上的。我背的这款外星人 18 寸加电源一共 10 千克（充电器 2 千克），真的非常重。

四、辅助设备

学习 CG 绘画的辅助设备主要有两种。

1. 扫描仪

扫描仪是提高绘画能力最为重要的辅助工具。早期的学习者很多都看不准形，所以需要用扫描仪将作品扫描到计算机里和原图进行准确的对比。这样大脑就能形成视觉的逻辑和意识，慢慢地就能形成正确的图像记忆，如图 2.34 所示。

扫描仪是CG学习者保存资料和扫描草稿的必备工具

▲ 图 2.34

提问：数码相机或者手机拍照能够取代扫描仪吗？

答案是不能！首先，数码相机过于昂贵，和几百元的扫描仪比较起来没有意义。其次，拍摄会出现变形现象，无法准确地在计算机上再现你的绘画。拍摄只是用于绘画时取材，就像我在绘制如图 2.35 所示的《水之女王》的时候拍摄的模特。

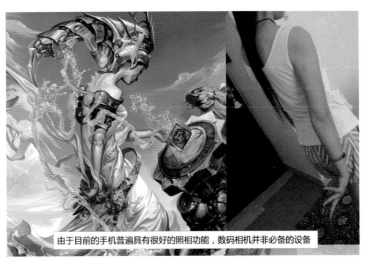

由于目前的手机普遍具有很好的照相功能，数码相机并非必备的设备

▲ 图 2.35

2.移动储存设备

优盘和移动硬盘都是必备的存储设备。优盘用于交换小容量的资料，而移动硬盘则用于备份数据，如图 2.36 所示。我们学习 CG 绘画都需要大量的参考资料，而一旦计算机崩溃你就会抓狂。所以请养成良好的随时备份的习惯吧。

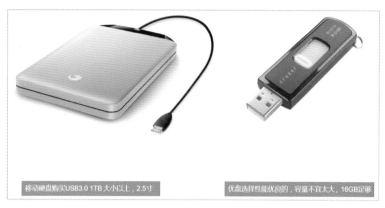

移动硬盘购买USB3.0 1TB 大小以上，2.5寸　　　　优盘选择性能优良的，容量不宜太大，16GB足够

▲ 图 2.36

五、绘画空间

绘画学习需要一个安静的绘画空间，同时最好把工作环境布置一下，因为你要在里面"宅"很久。在那里不断地上网、画画、和人交流。所以在条件允许的情况下，将这个环境稍稍布置得温馨一点，关于布置的风格我建议大家多动脑筋，因为有些学生这方面的意识不太强。

如图 2.37 所示是 2006 年—2008 年我的工作环境，被大量的手办和图书环绕，空间显得有点拥挤。

▲ 图 2.37

如图 2.38 所示是我在 2010 年 9 月前所使用的工作室的照片。该工作室布置在一个很简陋的清水房内，只做了简单的处理就变成了一个富有气氛的工作环境。我在那里完成了大量的作品和本书部分内容的写作。

▲ 图 2.38

　　如图 2.39 所示是我目前的工作环境。由于要带着笔记本到处移动，所以就需要大大的桌子。但是我仍然会把它布置得充满生活的乐趣。

▲ 图 2.39

在欧美一些发达国家，一些艺术家将自己的小工作室设计得非常雅致，他们的装饰也不贵，仅仅是在旧家具市场买的东西，做一些小的装饰。一个稳固的空间会让你感到很强的存在感，存在感会给你很大的力量。我曾在东京看到艺术学院的教室虽然风格各有不同，但是都温馨得像家一样。

如图 2.40 所示是我们画室的学员自己设计的理想中的生活环境。这种设计既可以培养人的技法，也可以培养人的情怀。

很多人都以为布置一个梦幻般的、温馨的工作环境需要花费大量的金钱和时间。其实不然，如图 2.41 所示为一个学生自己布置的写字台，花费不多，却很温馨。

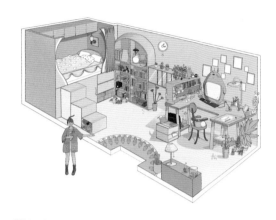

▲ 图 2.40

▲ 图 2.41

往往一些装饰性的灯光、一些美丽的花布、一些特别的布置，都能让简陋的家具和设施焕发出不同凡响的效果。并不一定需要昂贵的家具和豪华的设施，你需要的是开动你的脑筋，使用简单的材料和装饰，就能轻松获得一个梦幻般的工作场景。

如图 2.42 所示为三鹰之森吉朴力博物馆内宫崎骏先生的工作台，梦幻般的感觉一直是无数美术设计师所追求的。

有些自学的朋友工作环境太差了，卫生也很糟糕，可以想象一下，一个人待在一个很冰冷、让人恶心的地方，他能待得久吗？这些年来我看着行业里一些朋友办工作室的经历，得到的结论是：只有尊重环境的人，才能真正地尊重自己的作品。

▶ 值得注意的是墙壁上所挂的是电影《风之谷》中娜乌西卡的枪。

▲ 图 2.42

第二节　CG 的"软"实力

本节将介绍 5 款主要的绘图软件，但是我们的学习不是一个接一个排着队来学习的，而是从整体上比较它们之间的共同点和不同点，让读者从宏观角度理解平面绘图软件的特点（如图 2.43 所示）。

这些年来，软件教学可以说几乎霸占了中国高校各个动漫专业的课程，甚至出了校门到社会中，此概念就变成了"动漫＝软件制作技术"。所以高校里凡是真正在搞动漫创作的教师都开始思考软件教学的改革。总的变化如下：

● 由单纯的 Photoshop 教学到 Photoshop 和其他软件结合的绘画实战。

● 由泛泛的软件功能教学到专门针对绘画的软件功能教学。

省略那些没有必要的软件功能学习，强化和技能关系密切的功能。

学习软件是为了辅助设计，不是为了研究软件功能。

【绘图软件一网打尽】

要想学习 CG 绘画，就必须要了解如图 2.44 所示的 5 款不同的绘画软件。只是这 5 款软件无须全部精通。除了 Photoshop 属于必学软件以外，其他软件都可以根据需求自行选择。

（1）大部分绘图软件，从功能到面板设计几乎都是从 Photoshop 衍生出来的，所以我们只要熟悉了 Photoshop 的操作，对其他位图软件的学习也就变得简易多了。

（2）软件学习的关键在于实践，使用时注意扬长避短，这样，软件就能成为你 CG 绘画的利器。每个 CG 创作人员的创作习惯、实际情况与行业要求不尽相同，因此使用哪些软件进行创作也是根据实际情况来考虑的。

因此想学完所有软件是不现实的，打算全面精通一个软件也没有必要，如果追求"面面俱到"，只是在用青春去见证软件的更新换代，如图 2.45 所示。

▲ 图 2.43

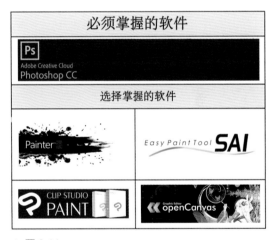

▲ 图 2.44

▲ 图 2.45

"切忌面面俱到"是最重要的一条。原因是 1996 年至 2010 年，3ds Max 先后推出了十多个版本：3ds Max 1.0、3ds Max R2、3ds Max 4、3ds Max 5、3ds Max 6、3ds Max 7、3ds Max 8、3ds Max 9、3ds Max 2008、3ds Max 2009、3ds Max 2010……

【位图与矢量图】

位图软件和矢量图软件有什么区别呢？

通俗地说，位图软件是用于处理位图图像的软件，矢量图软件是用于处理矢量图像的软件。位图是由无数微小的色彩方块组成的，矢量图由独立的线条与形状组成。也就是说，放大一张位图可以看到无数个马赛克小方块，但是矢量图却可以任意放大而不影响图像品质。但是，在表现图像中的阴影和色彩的细微变化方面或者进行一些特殊效果处理时，位图是最佳选择，这是矢量图无法比拟的，如图 2.46 所示。

▲ 图 2.46

一、Photoshop

Photoshop 是由 Adobe 公司开发的图形图像处理系列软件之一，主要用于图像处理、广告设计。它可以说是一个最权威、最普及的图像软件，也是所有软件绘画学习者所必须要掌握的软件。目前最新的版本是 Photoshop 2018，如图 2.47 所示。

Photoshop CC 是 Photoshop 这些年来版本改变比较大的一版：更好地整理画笔、笔触平滑、访问 Lightroom 照片、可变字体、"快速共享"菜单、"弧线"钢笔工具、路径改进、跨文件直接复制/粘贴图层、360 全景图工作流程、支持 Microsoft Dial、支持 HEIF 等，诸多算法改进……

若你使用 64 位操作系统，推荐安装 Photoshop CS4 版本。若你使用的是 32 位操作系统，则推荐使用 Photoshop CS3 以前的版本。

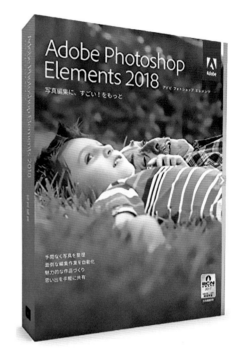

▲ 图 2.47　Photoshop——功能最强、最灵活

官方网站地址：http://www.Adobe.com/。

Photoshop 是其他图形软件的基础（如图 2.48 所示），而且通用性强、普及率高，因此它是我们必须掌握的绘图软件。

建议各位使用英文版，原因有以下 3 个：

● 方便使用最新版本。

● 各个软件语言通用。

● 更加国际化。

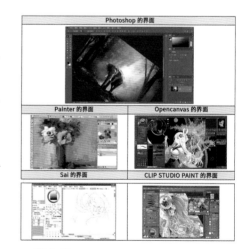

▲ 图 2.48

由于 Photoshop 的强大、完善和方便，众多著名 CG 艺术家都把它作为首选工具。

如图 2.49 所示为我用 Photoshop 创作的作品《孩子们的战争》。

二、Corel Painter

Corel Painter 是目前世界上最为完善的计算机美术绘画软件（如图 2.50 所示）。它以其特有的 Natural Media 仿天然绘画技术为代表，在计算机上首次将传统的绘画方法和计算机设计完整地结合起来，形成了其独特的绘画和造型效果。除了作为世界上首屈一指的自然绘画软件外，Corel Painter（可简称 Painter）在影像编辑、特技制作和二维动画方面也有突出表现，对专业设计师、出版社美编、摄影师、动画及多媒体制作人员和一般计算机美术爱好者来说，Painter 都是一个非常理想的图像编辑和绘画工具。

官方网站地址：http：//www.corel.com/。

Painter 提供了 400 多种画笔工具，包括油画、水彩、蜡笔、粉笔等一应俱全。

请仔细比较真实的绘画效果与 Painter 数码效果之间的差别（如图 2.51 和图 2.52 所示）。

▲ 图 2.49

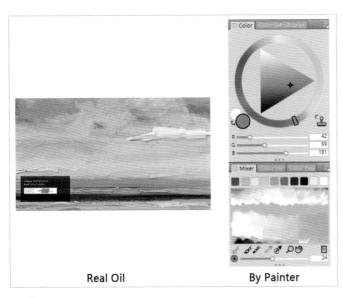

Real Oil　　　　**By Painter**

▲ 图 2.51

▲ 图 2.50　最早的模拟真实绘画软件

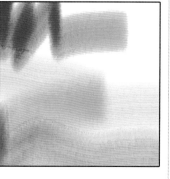

Real Watercolor   By Painter

▲ 图 2.52

▲ 图 2.53

亚瑟（如图 2.53 所示）的 CG 插画作品《老人的花园》如图 2.54 所示。

三、OpenCanvas

OpenCanvas 是日本人开发的专用于动漫行业的一款小巧的 CG 手绘专业软件，虽然仅几兆大小，但功能却十分强大，占用系统资源少，让用户在使用数位板在计算机上绘图时，就像是在纸上手绘一样，可以画出极为细致的图像，它功能简捷、体积小巧、运行速度快，大家可以很快上手，非常适合入门级手绘爱好者使用。此软件最大的一个技术亮点就是它的 event（事件）功能，可以对创作过程的每一笔每一画进行记录，记录绘画的整个过程（有点类似 Photoshop 的动作记录），如图 2.55 所示。

官方网站地址：http://www.portalgraphics.net。

由于完善而精炼，对计算机配置的要求较低，openCanvas 现已成为不少 CG 画手的必备软件之一，如图 2.55 所示，日本的 CG 画师尤其钟爱它，如图 2.56

▲ 图 2.54

▲ 图 2.55

所示为使用该软件创作的作品。

▲ 图 2.56

其特有的同步录制绘画过程功能（如图 2.57 所示），让许多 CG 爱好者更方便地交流绘画技巧，在 OpenCanvas 的官方网站有大量作品绘画过程供大家欣赏，如图 2.58 和图 2.59 所示。

▲ 图 2.57

▲ 图 2.58

▲ 图 2.59

四、Easy Paint Tool SAI

Easy Paint Tool SAI（简称 SAI）是由日本 SYSTEMAX 公司开发的绘画软件，其特点是免安装、相当小巧、操作简易，最让人称道的是 SAI 有强大的手绘抖动修正功能，使用它能画出相当流畅的线条。另外，SAI 有单独的钢笔图层，方便使用者对线条进行独立编辑，如图 2.60 所示。

▲ 图 2.60

官方网站地址：http：//www.systemax.jp/en/sai/。

该软件在有名的《数码绘的文法》中有相应介绍，初音的某位人气同人画手也惯用它。无论是赛璐璐 CG 风还是水彩风，使用 SAI 都能有很好的表现，如图 2.61 所示为使用 SAI 绘制的怪物角色。

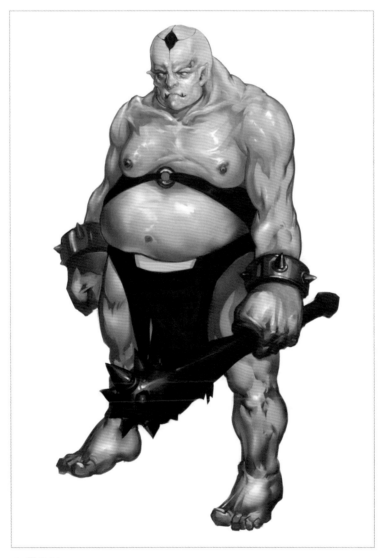

▲ 图 2.61

SAI 的主要特点

（1）出色的画线功能。

让人激动的手抖修正功能，有效地改善了用手写板画图时最大的问题——能画出完美的直线，如图 2.62 所示。

▲ 图 2.62

（2）占用空间小，对计算机要求低。

从软件 Easy Paint Tool SAI 的名字可以看出，它几乎是一个简化版的 Painter。不用安装，绿色版可以直接使用，占用空间也很小。

（3）功能强大，运用面广。

日本的很多漫画插画大师都使用这个软件。该软件的线条功能配合二值笔也可以代替 ComicStudio 绘制漫画线条。可以任意旋转、翻转画布，缩放时反锯齿，还有强大的墨线功能。

矢量化的钢笔图层，能画出流畅的曲线并像 Photoshop 的钢笔工具一样可以任意调整，如图 2.63 所示为用 SAI 的矢量工具画出的枪械。

五、Comic Studio

Comic Studio 是日本 Celsys 公司出品的专业漫画软件（如图 2.64 所示），它使传统的漫画工艺在计算机上得以完美重现，使漫画创作完全脱离了纸张，给漫画教学节省了大量的费用。它是由日本 CELSYS 株式会社发布的全球独一无二的，基于无纸矢量化技术的专业漫画创作软件。Comic Studio 完全实现了漫画制作的数字化和无纸化，从命名到漫画制作的整个过程都是在计算机上进行的。（特别说明：Comic Studio 是英文版本，Clip Studio Paint 是日本版。）

官方网站地址：http：//www.comicstudio.net/。

▲ 图 2.63

▲ 图 2.64

Clip Studio Paint 在制作速度、集中等效果时很方便（如图 2.65 所示）。

Clip Studio Paint 可以将 3D 素材转换为漫画，而且非常方便、快捷（如图 2.66 所示）。

▲ 图 2.65

▲ 图 2.66

六、常见绘画软件的共同功能

不同的绘画软件其实都有一些共同的功能和特征，把握这些特征就能同时学会很多软件（如图 2.67 所示）。

1. 图层（Layer）

我们可以用玻璃纸来比喻图层，每个图层是单独的一张玻璃纸，我们分别在不同的玻璃纸上画画，把这些玻璃纸叠合起来，就是一幅完整的图画，如图 2.68 所示。

2. 选区（Selection）

选区指的是处于被选中状态的区域，且选区外不在可改动范围，如图 2.69 所示，方框内是选区，进行填充操作后，选区外不受影响。

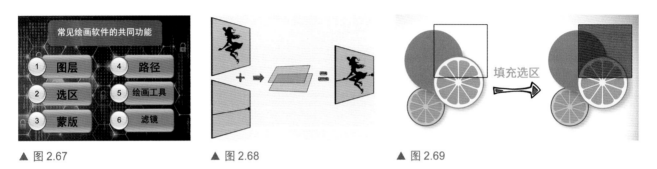

▲ 图 2.67　　　　　　▲ 图 2.68　　　　　　▲ 图 2.69

3. 蒙版（Mask）

蒙版如同遮罩，只有未被遮罩区域被显示（如图 2.70 和图 2.71 所示）。

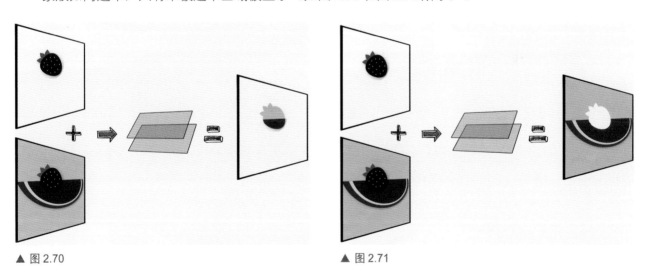

▲ 图 2.70　　　　　　　　　　　　▲ 图 2.71

4. 路径（Path）

路径是可以对其上的点、线进行单独编辑的线条（如图 2.71 所示）。

形成闭合三角形的线条处在被编辑状态时，可以对其点、线分别进行编辑（如图 2.72 所示）。

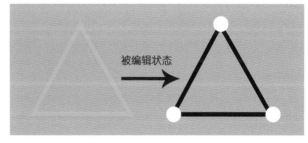

▲ 图 2.72

使用"钢笔工具"可随意新增、取消和拖动锚点，有效地控制路径（如图 2.73 所示）。

Photoshop CC 中新增的"弯度钢笔工具"更是可以通过直接拖动锚点的方式直接调整路径，路径在 Photoshop CC 中将不再难以控制（如图 2.74 和图 2.75 所示）。

Photoshop CC 还有诸多更新，比如"液化"对人脸识别算法进行了更精准的优化，可以像玩游戏一样控制面部细节，甚至连 CG 图像也能在最后进行微调（如图 2.76 所示）。

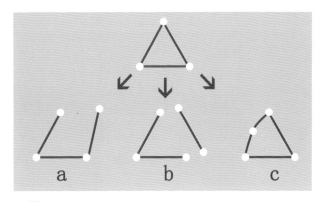

▲ 图 2.73

a 编辑点　b 编辑线段　c 添加描点，把直线转换为曲线

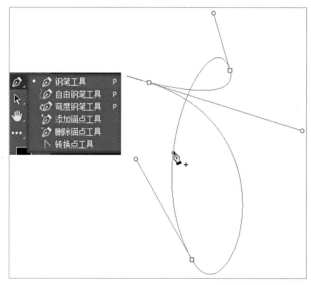

▲ 图 2.74

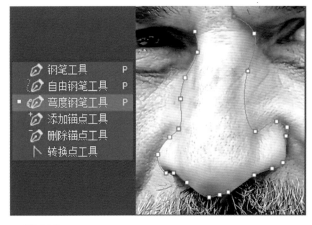

▲ 图 2.75

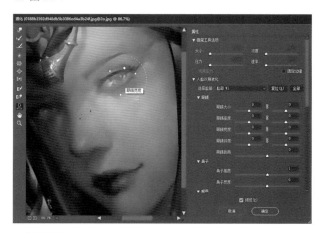

▲ 图 2.76

5. 绘画工具（Brush Tool）

将绘画软件里自带的"画笔工具"与"橡皮擦工具"等作画工具，与数位板结合使用犹如现实作画般方便（如图 2.77 和图 2.78 所示）。

▲ 图 2.77

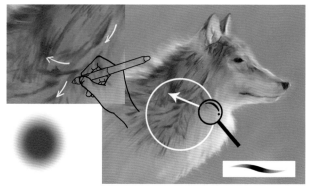

▲ 图 2.78

"画笔工具"是 Photoshop CC 的重要更新，添加了平滑、拉绳和镜像模式，平滑值范围为 0 ～ 100，0 等同于旧版本的 Photoshop 线条算法，平滑值越高，智能算法下线条越平滑。使用鼠标也能画出非常光滑流畅的线条。

新版本的笔刷可以用文件夹归类，能直观地看到笔刷效果、名称，简洁明了，极大地提升了工作效率。需要归类整理时，只需要简单分组、拖动即可完成，如图 2.79 和图 2.80 所示。

▲ 图 2.79

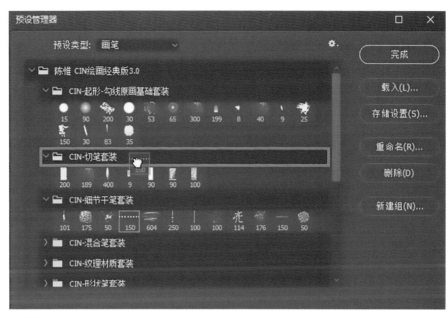

▲ 图 2.80

6. 滤镜（Filter）

如同图像透过有肌理的玻璃展现在眼前。

给图像添加"模糊"滤镜呈现的效果如图 2.81 所示。

给图像添加"木刻"滤镜呈现的效果如图 2.82 所示。

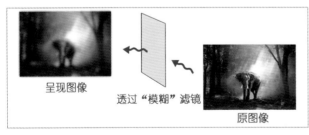

▲ 图 2.81

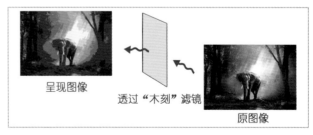

▲ 图 2.82

如图 2.83 所示的我为《三体》绘制的智子形象就大量运用了 Photoshop 自带的滤镜效果。

关于 Photoshop 的入门及学习，有两套值得参考的经典教材，下面分别介绍。

1. 祁连山的《Photoshop CG6 专家讲堂》

这套视频教程由祁连山老师精心录制，从零开始，涵盖了 Photoshop 所有基础操作，便于学习者入门，如图 2.84 所示。

如图 2.85 所示为祁连山老师 2004 年用 Photoshop 鼠绘的蜻蜓。

▲ 图2.83

2.《Photoshop CS5 中文版案例教程》

这本书由李涛老师主编，随书配套了将近 8 小时的示范视频教程。通过实例让读者学习画笔、抠像、调色等知识点，一步步向学习者解密 Photoshop 的核心，培养和提升读者对 Photoshop 的综合能力（如图 2.86 所示）。

▲ 图2.84

▲ 图2.85

▲ 图2.86

第三章
CG 的美术基础

关于 CG 插画的美术基础训练

所谓"万丈高楼平地起",画画和学习其他事物一样都需要有基础。打下坚实的基础是所有美术学习的第一步。但是何谓"美术基础"?针对 CG 绘画的美术基础是否具有独特性?这些具体的问题,本章将给你一一解答。

第一节　什么是美术的底层基础

　　由于基础是一个相对的概念，只有找到那层最为本质的基础，我们才能举一反三，打下稳固的地基。我们将这种最为本质的基础称为"底层基础"（如图3.1所示）。

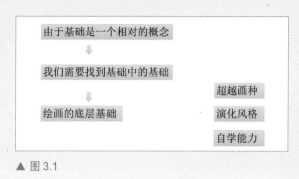

▲ 图3.1

　　底层基础是超越画种的，无论学习油画、版画，还是学习水彩，当然也包含 CG 绘画，掌握了底层的美术基础，就能实现风格的随意演变，也能衍生出超强的自学及自我风格实现的能力。

　　美术并不是学过什么，才能画出什么。很多作品都是画家在超强的基础之上衍生的结果。

　　底层基础是任何学习美术的学员都必须夯实的基本功，如果底层基础有问题，一切练习都会变成空中楼阁。

　　那么怎么理解美术的底层基础呢？我们用武术来做类比。

　　一个功夫高手展现给人们的最明显的实力就是在实战中的各种经验，我们称之为实战能力。但是这种能力和绘画能力一样，不是一种单一的能力，而是复杂和综合的。既不是单纯的力气大，也不是招式狠。如果要深入探究这个高手的训练过程，你就会发现在实战能力的背后往往有两个被隐藏的层次：

- 第一层就是关于动作和规范的训练，也可以称为"套路训练"。
- 第二层就是更加底层的"体能与力量"的训练。

　　也就是说，一个体能和力量得到了充分锻炼的拳手即使不会套路，也没什么实战经验，但是具备了成为一个功夫高手最基本的素质（如图3.2所示）。

　　绘画的底层基础究竟包含哪些实际的内容呢？我们以绘画过程的演示来加以说明，如图3.3所示。

▲ 图3.2

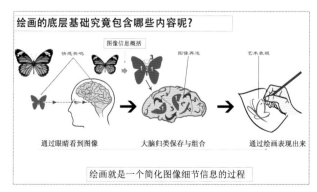

▲ 图3.3

提示：以上科学原理，可以参考我的著作《唤醒你沉睡的创造力》。其中关于大脑图像库的相关说明，科学地阐述了人脑识别和保存图像的机制，也解释了人类绘画能力产生的根本原因。

美术也一样。在你具体学习画固定事物的方法之前，必须先解决方法之间通用的美术底层基础。

首先，我们的眼睛因为情感的共鸣观察到图像（人不会对不感兴趣的事物产生观察行为）；然后将图像几何化，简化为若干信息碎片保存在大脑里，之后再通过艺术的技巧将其表现出来。

一切绘画的过程完全可以看作是一个图像信息被简化的过程。

底层基础不等于所有的美术基础。底层基础训练只针对三个方面的能力培养。换言之，如果你没有培养好这三大底层基础，即使掌握再多的造型技巧，对你的美术能力的形成依然帮助不大。比如：很多美术学院的学生虽然经过了长达 6 年的专业美术学习，但是其观察和表现这两个基本能力还是没有被训练好。因为他们花了太多的时间去专钻研具体的造型，而忽略了三大底层基础能力的培养。好比运动员一味地研究某个项目的运动技巧，但是却忽略了爆发力和耐力的训练。最终学到手的也只是雕虫小技而已。

那么既然是信息简化的过程，所以我们可以得到一个关于底层绘画能力展示训练表。我们后面关于美术基础训练的所有项目都是针对实现"观察能力"和"表现能力"这两大能力而设计的。只要这两大能力得到了充分的锻炼，那么你的美术基础就足够 CG 绘画使用了（如图 3.4 所示）。

提示：我们学习的 CG 绘画，也是绘画中的一个门类，那么对于绘画所需的美术基础，CG 也同样适用。只不过，CG 所需的绘画基础与传统绘画所需的绘画基础在训练的侧重点上有很大不同。如果你仅仅是按照传统方式进行 CG 绘画训练的，那么你很有可能浪费了时间却还是学不会 CG 绘画。关于以上论述的理由，请详细参考我的网络公开课。

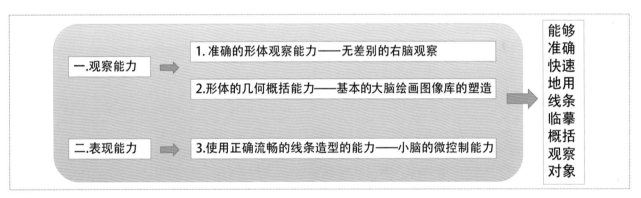

▲ 图 3.4

辅助课程

课程介绍：自学到底有多难？这个问题不是被忽视就是容易被夸大，我们需要一个理性的分析和有说服力的答案。而本课程正是针对 CG 插画自学者在自学过程中常见的关于基础训练的误区，进行了系统的阐述，为广大的 CG 自学者标明了"陷阱"，明确了正确的方向，属于自学必读的课程（如图 3.5 所示）。

▲ 图 3.5

第二节　观察方法与右脑思维

"观察"是大脑图像库输入的前提，"观察"是所有绘画技能的根本。观察能力差，即使有素材也无法应用于创作。"观察能力"决定着一个画家的起点，也决定着他的终点。

一、什么是观察

"观察能力"的训练往往要持续一个画家的一生。原因就在于"大脑图像库"的迭代更新不是一朝一夕就会完成的，任何画家指望在风格上有所突破都必然伴随着新鲜图像的输入，而图像的输入就必定需要不断地观察（如图 3.6 所示）。

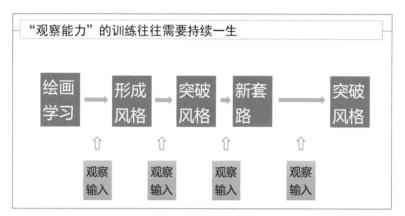

▲ 图 3.6

在实际的绘画过程中，并不是按照很多初学者想象的那样，我只要学习了某种完整的作画流程，同时知道了每个步骤的注意事项，就能够按部就班地画出一张成功的作品；因为绘画的过程肯定会伴随着各种各样的错误和对错误的纠正，至少对初学者来说这无法避免，所以为了纠正这些错误，作画主要是一个观察的过程，而不是严格地运用法则的过程。只有通过观察你才能知道这一步到底错在哪里。因为绘画中的好坏是视觉性的，视觉性的好坏全部是相对的。你不能说我长得比你帅，所以你的长得有错！相对性的好坏只能通过对比才能发觉，所以，观察能力的培养远远重要于任何步骤性的学习（如图 3.7

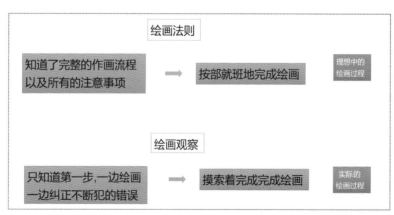

▲ 图 3.7

所示）。如果在网上仔细观察《旋转的舞女》这个图（如图3.8所示），你会发现，舞女一会儿顺时针旋转，一会儿又逆时针旋转，总之，在你的意识里，你既可以让它顺时针旋转，又可以让它逆时针旋转。按照我们的常识，一个物体是不可能同时顺、逆时针旋转的，但是此图中的舞女，却似乎有悖常理，我们的意识似乎随时都可以让它顺时针或逆时针旋转。

观察不就是用眼睛看吗？如果你这样认为，那就错了。通过眼睛看到的东西，并不一定就是我们真正能够感知到的事物，其原因就在于大脑对观察对象会进行加工。在绘画里，看见不等于看到，眼见不一定为实，我们所看到的是大脑需要我们看到的相貌。所以艺术训练首先就是要学会观察，学会看到真实的物体。观察训练就是帮我们透过错觉看到事物的本质。

● 你所看到的"真实"，取决于你的思维模式。

● 顺时针、逆时针可以交换着看，表明人有两套截然不同的观察模式，并且可以交换。

▲ 图3.8

● 观察模式的交换取决于两个方面，一是视觉参考点，二是"意念"力。

所以美国艺术家科蒙·尼可雷德斯在其重要的著作《自然的绘画方式》里，给我们提出了一个开宗明义的重要观点：学习绘画其实就是学习如何看事物，正确的观察不是只用眼睛去看（如图3.9所示）。

具体的科学说明请参考我的著作《唤醒你沉睡的创造力》，如图3.10所示。

▲ 图3.9

▲ 图3.10

下面的表格就能很直观地显示绘画者之间的水平差异主要体现在观察力方面如图3.11、图3.12和图3.13所示。

▲ 图 3.11

原图

观察点	观察能力好的人	观察能力差的人
造型	仔细观察了头颈肩、胸腹盆、腿的关系，因此体态画得正确	看不到自己画面中动态关系不正确的地方，没有自我纠正的能力
比例	观察到了原作七头身的比例和身体其他部分的比例，并在绘画时抓住了这一点	未能准确地观察到最基本的头身比例，以及身体各个部分的比例，画面表现相对失调
线条	观察到了每处的穿插关系，以及主次关系，线条处理比较理想	不能做深入的分析和观察，没有真正理解画面中的每个部分，没有经过个人理解地去画，线条表现欠佳
细节	对细节观察比较到位，能准确地观察并刻画出画面中的细节	观察不准画面中的细节，画的时候不能把细节如实地还原
输出结果	▲ 图 3.12	▲ 图 3.13

观察能力是绘画过程中一个很重要的能力，其实高手和菜鸟之间绘画水平的差异主要就表现在观察力方面。

1. 观察的训练

要培养对绘画的观察能力，就必须掌握正确的观察方法。而观察的方法又可以分为正确的姿势和正确的心法两个部分。姿势指的是动作习惯的培养，而心法则是思想习惯的培养。而这两者的目的都只有一个：消除观察的错觉，如图 3.14 所示。

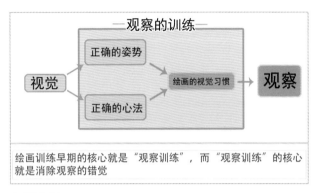

绘画训练早期的核心就是"观察训练"，而"观察训练"的核心就是消除观察的错觉

▲ 图 3.14

说到"观察训练"，就不得不提"视觉残像与观察频率"。

绝大多数初学者意识不到，他们在绘画观察的过程中总是将 80% 以上的时间放到自己的作品上，对于观察对象，他们只留有不到 20% 的时间。所以，所有的观察训练必须要注意以下三点（如图 3.15 所示）：

▲ 图 3.15

可能有点抽象，我们以图 3.16 所示的武将作为观察对象来参考或者临摹。那么所谓的"主观信息"就是画面的主题，这一点是观看的时候必须仔细体会的，仔细体会哪些元素带来了中国风的感觉，而哪些元素是可有可无的。其实就是思考怎么刻画一个具体的事物，比如肩膀的盔甲和腰带等事物，观察者需要仔细把握由哪些颜色或者形状组成了这些起起伏伏的感觉，或者是精致的感觉。最后，再考虑如何一步一步地实现在画面上，为画面建立基本的"信息逻辑"。只有做到了以上三个层次，我们才算完成一次准确的观察。

▲ 图 3.16

2. 观察的误区

既然是训练，那么就一定会有人犯错，所以我们列举一些"观察的误区"。这是这么多年来，我在教学过程中发现的最具有共通性的错误。

（1）纸张的正确设置与注意力分散的问题。

正确的绘画观察必须建立在正确的姿势上。如果连基本的动作都不正确，那么绘画技巧也就会大打折扣。在我教授绘画的 10 年间，我发现很多学生在绘画中的问题就起源于此。虽然很多书籍也涉及了这部分内容，但是我还是希望以更加简洁的方式告诉大家这些重要的注意事项，如图 3.17 所示。

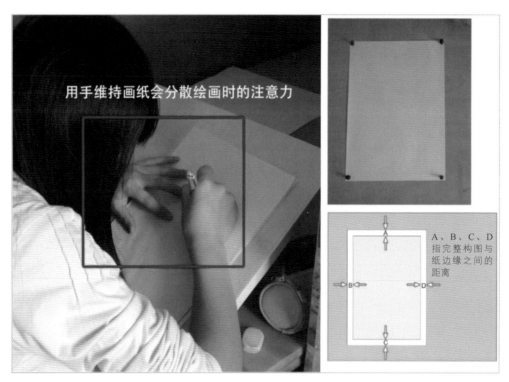

▲ 图 3.17

（2）放大局部不顾整体。

在起大形的阶段，如果放大局部去观察，很容易把握整体的人物比例和局部细节比例，因为在起大形阶段如果过多地描绘细节，很难真正做到从整体入手，相反，从整体上观察，更容易把握整个人体的比例和画面其他部分的比例，如图 3.18 和图 3.19 所示。

在对着计算机屏幕进行临摹的时候，众所周知，我们的眼睛离自己画面的距离始终要小于眼睛离显示器中原画的距离。这时我们看自己的画面始终要大一些，也更不容易看出自己的画面和原画之间的差距，从而不利于观察，所以在临摹尤其是起形的过程中，最好能不时地远距离对比自己的画面和原画，这样的观察方法更正确，观察结果更准确。

（3）对比差异的时候，过多依赖外部因素。

上面提到过，训练整体观察能力归根到底训练的是大脑，如果在观察的时候过多地依赖外部设备，

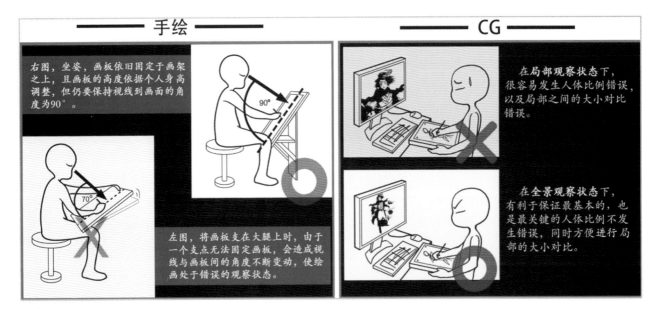

▲ 图 3.18

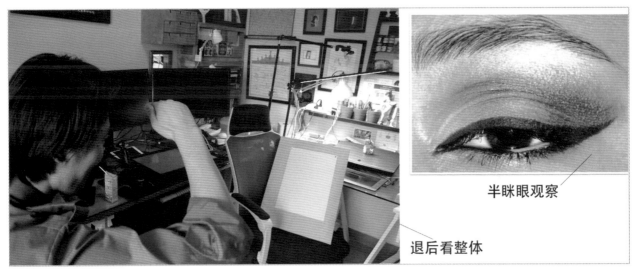

▲ 图 3.19

就达不到锻炼大脑的效果，我们在画的过程中，应该最大限度地依靠自己的眼睛去观察、对比。如图 3.20 所示。

▲ 图 3.20

以下是三种常见的依赖性观察错误：

● 临摹时做过多的辅助线，打格子画法。
● 利用扫描仪重叠自己的画和原画进行观察。
● 使用铅笔比画对比观察对象。

（4）对画面的分析理解不够，很多地方画得很牵强，线条不能很好地解释穿插关系。

临摹并不是说让学生们把原图的画面照本宣科地翻版到纸上，而是一个去让学生学习、理解分析、总结的一个过程。在临摹的时候，要学会从多个角度分析画面中的每一块结构，理性地做好每一根线条的穿插关系，如图3.21所示。所以说画画是一件需要动脑子的事情，不会思考的人是画不好画的。

▲ 图3.21

二、科学观察的五大心法

在实践中，我总结出了 5 种观察的心法，非常适合初学者学习。只要在每次创作中都把这 5 种心法保存在脑子里，观察能力势必与日俱增。

心法一：参照物与辅助线的运用

为什么同样长的线在加上了不同方向的箭头后感觉它们之间的长度有了差异？

由于附加图形的影响，人们产生了对形体大小的误判。只要建立起了正确的参考系，就能最大限度地减少误判。比如：当图 3.22 中"蓝色的竖线"或者"红色的球体"出现以后，这种视错觉就能被有效地纠正。

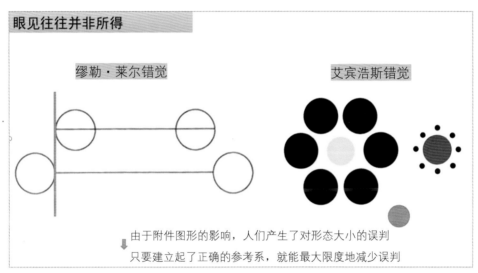

▲ 图 3.22

这种介于"范围"的相对性判断就是我们观察心法中最为常用的技巧，如图 3.23 和图 3.24 所示。又比如，在图 3.25 中或许不能看出人物头部比例结构的内在要素，但是如果比较图中的十字线哪个更长，我想每个眼睛正常的人都能做到。

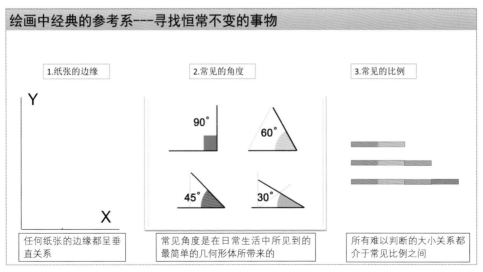

▲ 图 3.23

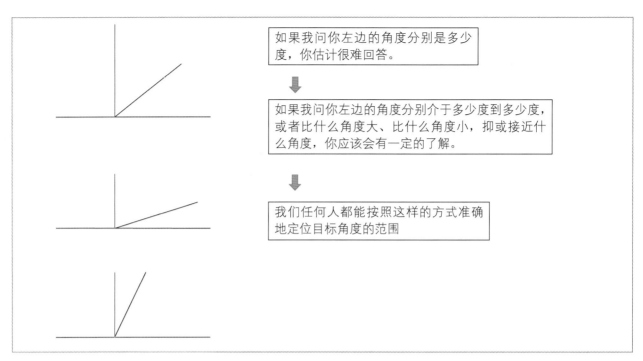

如果我问你左边的角度分别是多少度，你估计很难回答。

如果我问你左边的角度分别介于多少度到多少度，或者比什么角度大、比什么角度小，抑或接近什么角度，你应该会有一定的了解。

我们任何人都能按照这样的方式准确地定位目标角度的范围

▲ 图 3.24

▲ 图 3.25

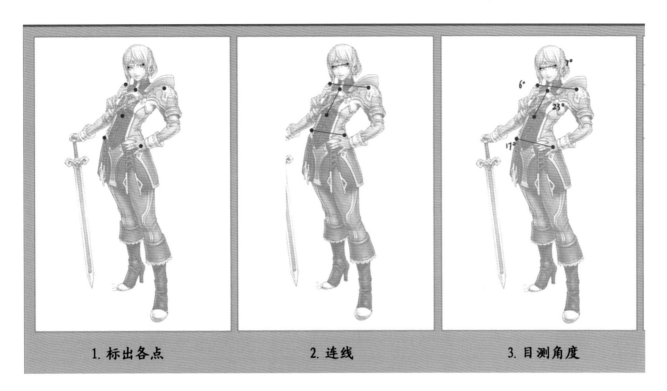

1. 标出各点　　　　2. 连线　　　　3. 目测角度

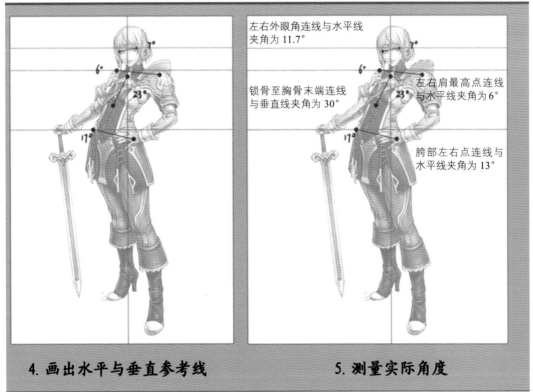

左右外眼角连线与水平线
夹角为 11.7°

锁骨至胸骨末端连线
与垂直线夹角为 30°

左右肩最高点连线
与水平线夹角为 6°

胯部左右点连线与
水平线夹角为 13°

4. 画出水平与垂直参考线　　　　5. 测量实际角度

▲ 图 3.26

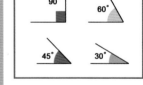

1. 早期尽量试着标出（同时用脑子去模拟）这些表示角度的辅助线，并且清楚地告诉自己是多少度，如图 3.26 所示。

2. 你也可以试着把常见的角度标注在纸的左上角（习惯使用左手的标在右上角），如图 3.27 所示。

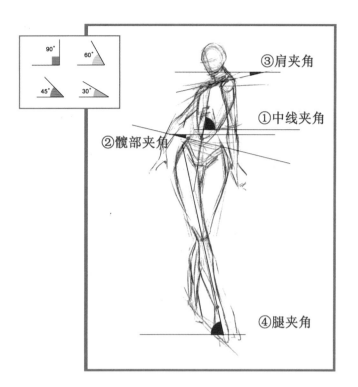

▲ 图 3.27

如图 3.28 所示为按此方法画出的原图与画作的对比。

▲ 图 3.28

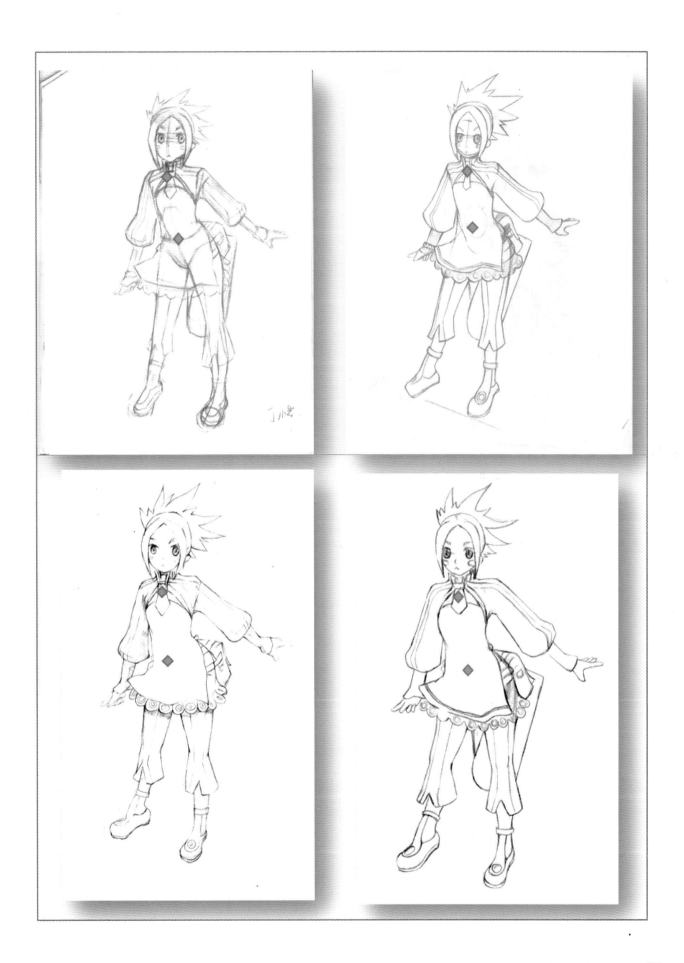

心法二：图像的概括与简化

自然界的事是纷繁复杂的，我们不可能从一个局部的点开始就能准确地把握其全貌。所以历代的画家们开发出了用于简化观察对象的"形体概括法"。这种方法的核心就是把复杂的事物简单化，然后画出其最有特征的部分，如图 3.29 所示。

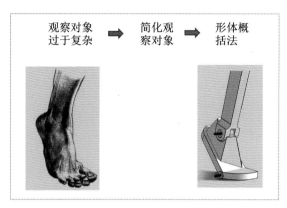

▲ 图 3.29

一切琐碎的变化和细节都应该以"简单化"的原则来观察。这不但是绘画的需求，也符合我们视觉记忆中对于最小量的习惯，如图 3.30 所示，我们不会把依次罗列的点阵看成是最右边的四边形或者别的形状，我们只会天然地把这些点阵看作是圆形。

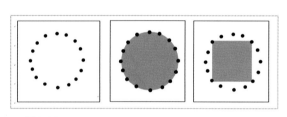

▲ 图 3.30

为何我们的视觉习惯是以最简单的方式来表达的呢？这就是"能量最小原理"：一个系统总是要调整自己，使系统的总能量达到最低，使自己处于稳定的平衡状态（宏观世界与微观世界都适用）。

一旦在大脑中确立起这样的观察原则，画家们自然知道由简入繁的"概括"之道。这也就是为何绘画教学的第一课老师总是教我们概括形体，把复杂的东西简单化，而非将简单的东西复杂化，如图 3.31、3.32、3.33 所示。

▲ 图 3.31

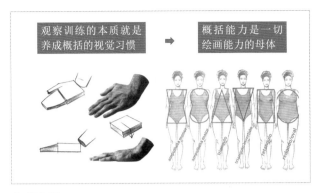

▲ 图 3.32

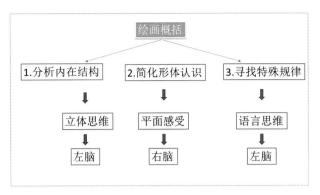

▲ 图 3.33

比如：我们为了理解一个复杂的形体，就不能只看到其表面，而需要将其解剖，将被挡住的结构表现出来，如图 3.34 所示。

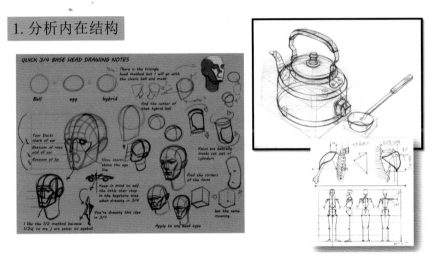

▲ 图 3.34

大脑不容易记住复杂的物体，于是画家们把复杂的物体归纳为简单的形体加以记忆。这样在默写的时候直接回忆这些简单的形体即可，如图 3.35 所示。

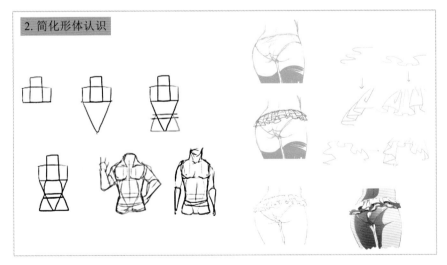

▲ 图 3.35

某些出现频率很高的物体，比如人脸等。可以总结出一些特殊的造型规律，比如"三庭五眼"等。或者将人脸特定的点与点的连线看成是特殊的三角形，如图3.36所示。

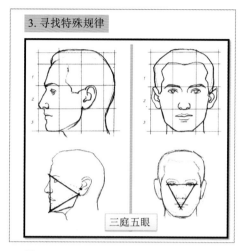

▲ 图3.36

提示：要想提高图形感知能力，可以在形和色两方面去训练。两者练习的诀窍都在于观察方法，也就是有意识地控制自己的观察量。比如形的感知，先从观察局部的线段开始，感受它的倾斜度及比例大小。通过一段时间的练习，发现可以从容画准了，才进一步扩大单次的观察范围，比如基本的三角形。当发现感知多边形的能力越来越敏捷了以后，再继续扩大观察视野，如此循环递进下去。只要对自己的思维变化足够敏感，你就能凭感觉找到学习区。

心法三：整体概括的阴阳形

阳形是描绘事物的主要轨迹，阴形是审视事物的重要手段，如图3.37所示。

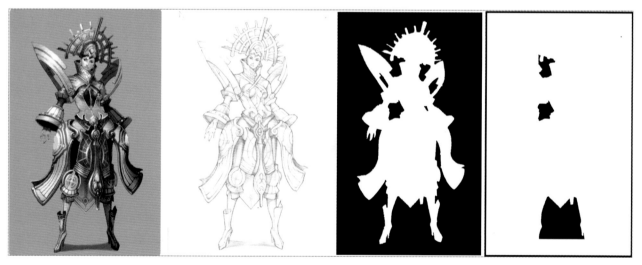

▲ 图3.37

心法四：视觉语言的运用

视觉语言是一种自我暗示与对话的语言形式。其特点如下：

● 没有好坏等价值观的判断，只有形状、空间、大小、角度等视觉性的判断。

● 这种自我暗示能够帮助你将左脑的错误思维调整到右脑的感觉状态。

● 视觉语言只关注当前画面，不在乎因果与联系。

我们以图 3.38 所示的腿为例：

请利用视觉语言的顺序来描述这条腿，请清晰地说出词汇，比如：不能用大小来形容，只能用 1/2 或者 1/3 才算是清晰的表达。

这张图给你什么样的感觉？你或许会说："粗壮而有力的腿。"

那么，这种感觉主要是通过哪些形状或者颜色体现的？这是一个怎样的形状？这个形状的变化趋势是什么？

如果对比一下图 3.39 中的"左脑批判性语言"与"右脑视觉性语言"的差异，你就能得知这是一种什么样的状态。

▲ 图 3.38　　　▲ 图 3.39

批评性语言"我比别人笨，我不会画手臂，我基础比别人差，我从来画不好"，这些都是从左脑发出的，这是批评语言，在画画过程中最好不要出现，否则是自毁。

如图 3.40 所示的超级玛丽如果用视觉语言描述就是：耳朵的宽度是小正方形宽度的 1/2。耳朵的最高点稍比正方形上部的 1/3 高；与头部的第一个连接在 2/3 高；最低点与脸轮廓的终点重合。

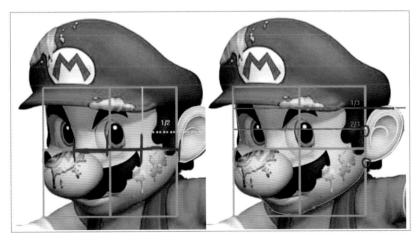

▲ 图 3.40

绘画的本质是平面的还是立体的呢？答案是：平面的。立体感不过是各种画面对比产生的假象。比如图 3.41 所示的人体可以以左脑驱动的立体化和结构化的思维来理解，但是这是现象。从本质上讲，这个画面是平面的，你的手伸不进去，所以也完全可以以平面化的或者是线条思维来理解。这也就不难解释绘画训练中为什么有那么多的流派，因为理解的角度不同。

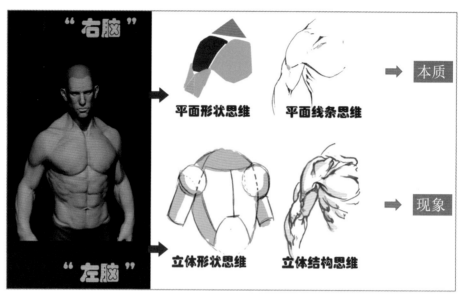

▲ 图 3.41

比如，图 3.42 所示的人物已经被画变形了。但是我们可以在不"理解"人体结构的情况下，仅仅通过在 Photoshop 里对其进行水平移动和左右旋转就可以纠正形体。

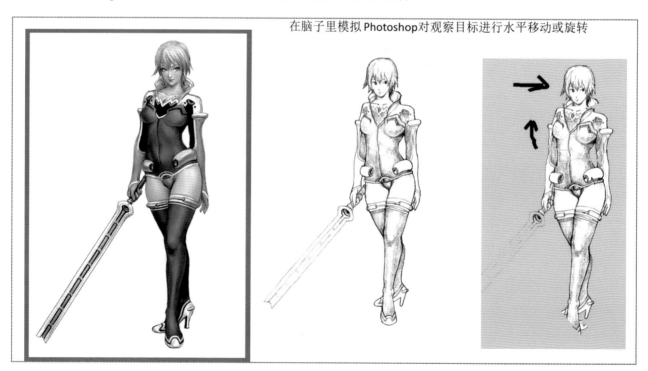

▲ 图 3.42

在实际的绘画中，两套思维要一起使用，但是必须遵循如下原则：

● 先平面再立体。

● 以平面为主，以立体为辅。

如图 3.43 所示，画面中画家完成作品的时候，我们首先看到画家画的不是"结构"，而是色块，这就是"先平面"的思维。之后在脑子中辅助图 B 的立体造型结构，完成了图 C 和 D。所以一切科学的绘画过程都可以看作是先平面思维再到立体思维的过程。如果反过来，就会出现无法下笔的纠结。

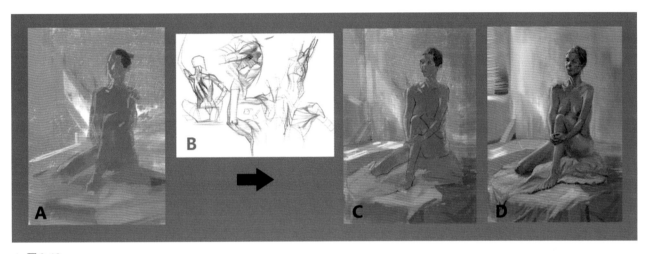

▲ 图 3.43

总结观察法则最基本的一条：先观察物体的整体，后观察物体的局部。

不过即使是这看似简简单单的一条，很多人也做不到。一个没有接受过专业绘画训练的人，他们在临摹的时候对于画面的取舍有很大的片面性和随意性，他们会根据自己的感觉去画，就算最终出来的效果和画面大相径庭，自己也察觉不到，如图 3.44 所示。

| 对别人说："我不知道怎么画？" | ⟹ | 停止了观察 |
| 对自己说："画面中出了什么问题？" | ⟹ | 正在观察中 |

▲ 图 3.44

综上所述，整体观察能力训练的是我们的大脑。从临摹阶段开始，就要在自己画的过程中不断地往大脑里输入图像，不断地去判断自己画的和原图的差别，不断地去调整以达到准确。

提示：更加详细的内容可以参考本人的讲座《科学的观察法》。我们的视觉采集到的信息越详细，逻辑层次越清晰（知道什么更重要，什么是次要的），也说明了我们在大脑的左右脑里同步地建立起这个图像的库与视觉逻辑线索（左脑标签库）。

第三节　CG美术基础五大训练法

在实战中，我总结出了夯实CG美术基础的五大训练法，只要严格按照我在本节介绍的内容加以训练，基本上就不会在基础问题上吃亏。

下面介绍美术基础训练的基本原理。

人类认识世界有两种模式如图3.45所示：

● 符号化的抽象思维模式：其代表能力为"语言文字"，其代表形态为"现代科学"。这种模式一般被称为"左脑模式"。

● 图像化的具象思维模式：其代表能力为"观察"，其代表形态为"艺术创作"。这种模式一般被称为"右脑模式"。

此两种认识事物的模式是我们人类认识一切事物的两个切入点，绘画也不例外。我们对绘画学习有诸多困惑就是因为对这两套模式的不理解，以及不会有意识地切换造成的。

所以正确的美术训练应该如下（如图3.46所示）：

● 将图像输入右脑的练习＝"临摹训练"。

● 为左脑建立图像标签的练习＝"分类训练"。

● 让两个库紧密联系起来的练习＝"创作训练"。

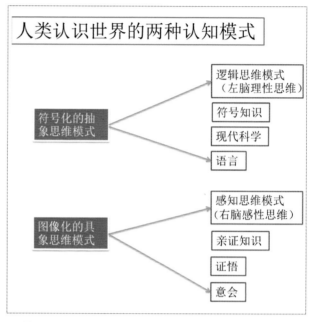

▲ 图3.45

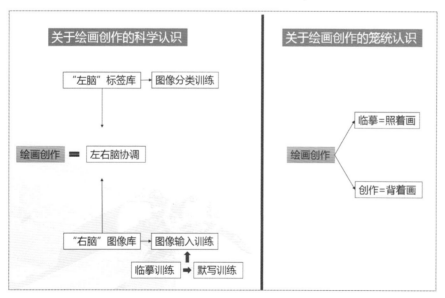

▲ 图3.46

提示：任何一种商业创作都是从一个策划人或者委托人的语言表述开始的，再通过画家自身的语言解读和字画转换能力将其绘制成具体的画面。如果你对这段语言文字的转化是贴切的，符合委托人的审美，那么你的作品就会被冠以"优秀"的评价。文字意味着一个符号化的标签，而图像是一种具体的感觉。两者要能准确地结合起来就需要一个桥梁，这个桥梁就是"创作"。

对应绘画底层基础能力的三个大的方面，我们衍生出了 CG 美术基础训练的五大项目。下面具体介绍这 5 个经典的训练。

只要你严格按照这五大项目的相关要求完成了训练，那么你的基础就已经非常牢固了（如图 3.47 所示）。

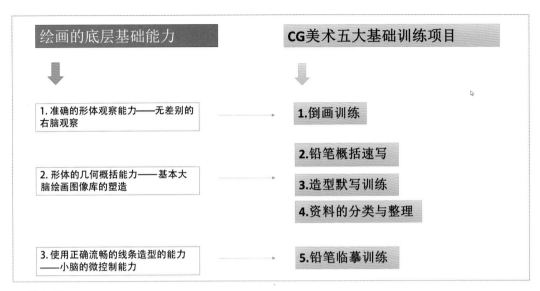

▲ 图 3.47

一、资料的分类与整理

初学 CG 者对待资料有以下错误认识：

● 赶紧学技术，搞什么分类资料？

● 资料有点就行了，若有需要可以临时再找。

● 资料不值钱，找人复制就行了。

任何学习都需要对其类型进行广博的分类，只有这样才能真正了解你到底在学什么，如图 3.48 所示。这就是科学研究为何必须建立在统计的基础上。

从本质上讲，CG 学习的科学过程就是一个不断分析比对范本，最后接近范本的过程。

比如：在我的"动作库"分类中有一类是专门的"跳跃"，每次要画类似的动作时我都能找到参考，如图 3.49 和图 3.50 所示。

但是随着分类的精细化，我逐渐发现，"跳跃"可不是简单的两个字，还有很变体。比如：图 3.51 所示是全部背对着跳跃的动作，而图 3.52 所示是悬挂的动作。这样我们对于跳跃的理解就不仅仅是概念化的两个字那么简单了。现实的好处就是在委托创作中可以快速定位所需的参考资料。

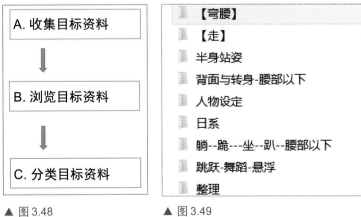

▲ 图 3.48　　　▲ 图 3.49

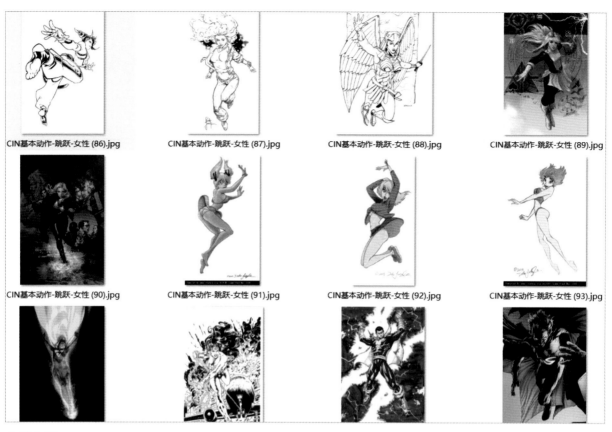

▲ 图 3.50

▲ 图 3.51

09591d931274e28a9ee18ca5bc04　4194141fabbf41839224b0c5d772a　1352745387-0227727-www_nevse　Loopydave4774747474.jpg
c5_org.jpg　　　　　　　　　06f_org.jpg　　　　　　　　　pic_com_ua.jpg

_large_6kw_351b0004fdfb2d11.jp　p_large_20rP_27210004bdcb2d0d.j　p_large_lMep_7e9b00030b2d2d10　p_large_NzDv_06080004c1462d14

▲ 图 3.52

建立起必要的网络资源收集渠道是学习 CG 的前提，如图 3.53 所示为常见的收集资料的渠道。

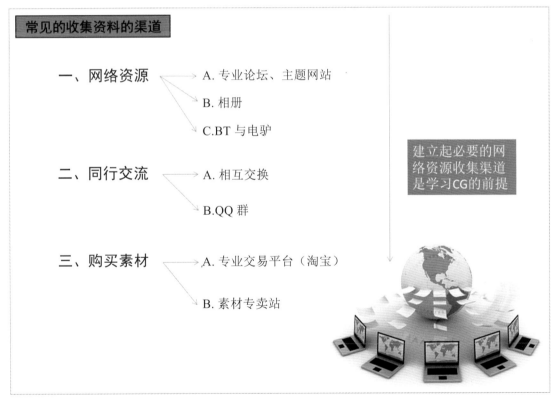

▲ 图 3.53

二、形体透视与几何概括

人类为了认知万事万物，抽象出了基本模型，绘画也不例外。学会把复杂的形体以几何形体的形式进行概括是打好美术基础的重要课题（如图 3.54 所示）。

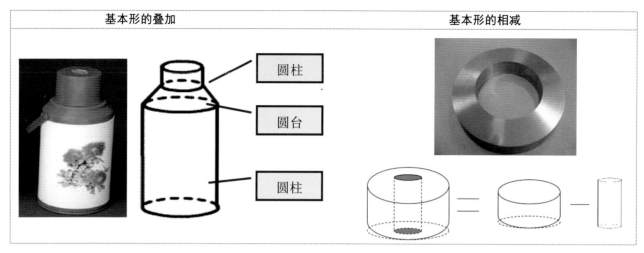

| 基本形的叠加 | 基本形的相减 |

| 圆柱 |
| 圆台 |
| 圆柱 |

▲ 图 3.54

　　训练形体及几何体需要分为 5 个阶段。

　　第一阶段：基本形体，如图 3.55 所示。

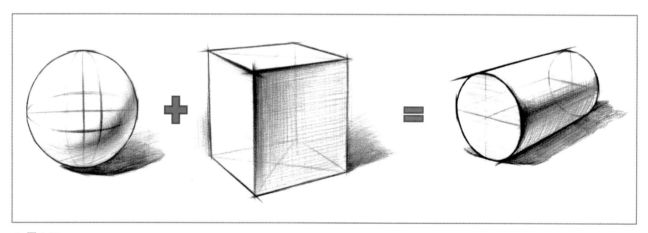

▲ 图 3.55

　　第二阶段：切割形体，如图 3.56 所示。

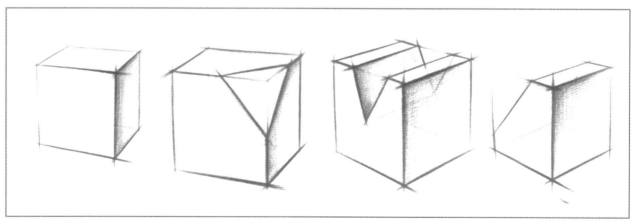

▲ 图 3.56

第三阶段：复合形体，如图 3.57 所示。

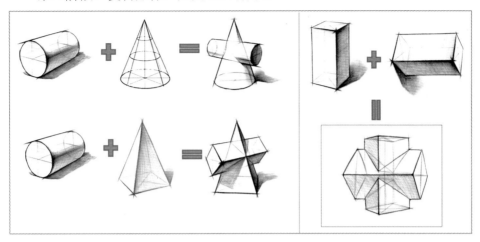

▲ 图 3.57

第四阶段：组合形体，如图 3.58 所示。

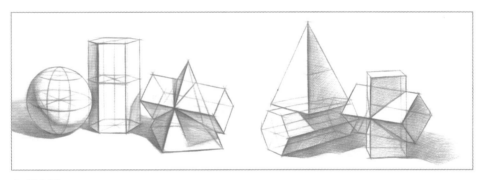

▲ 图 3.58

第五阶段：结构素描，如图 3.59 和图 3.60 所示。

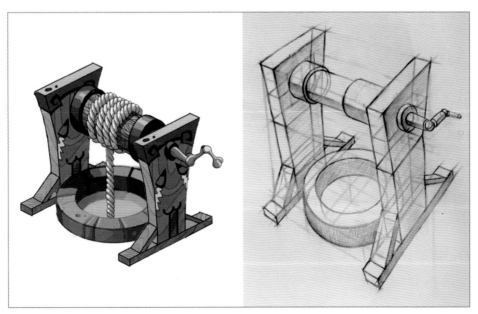

▲ 图 3.59

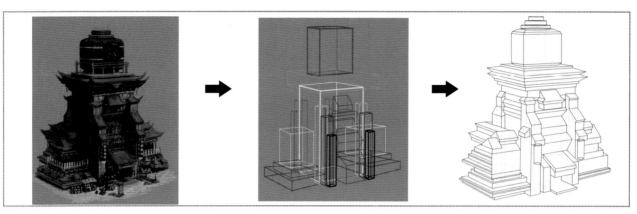

▲ 图 3.60

训练的注意事项：

● 所谓衡量尺度的建立，就是要精确化。所以在临摹的时候不能只是大概相似，需要做到和范本一模一样，如图 3.61 所示。

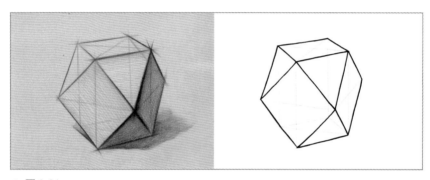

▲ 图 3.61

● 在训练库里的每一张范本都要画，一张都不能少。

● 部分形体配有步骤图的说明，请初学者根据步骤严格临摹，如图 3.62 所示。

● 使用图片作为参考范本，不要写生，如图 3.63 所示。

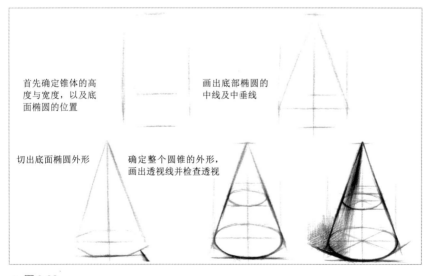

首先确定锥体的高度与宽度，以及底面椭圆的位置

画出底部椭圆的中线及中垂线

切出底面椭圆外形

确定整个圆锥的外形，画出透视线并检查透视

▲ 图 3.62

▲ 图 3.63

早期用石膏几何体进行写生，观察视点摇移不定，且过于强调光影而非透视结构，同时缺乏成体系的几何体画法训练。

三、倒画训练

所谓倒画训练，就是将画面倒过来临摹的手绘训练。此训练是一种纯粹的右脑观察模式的训练。关于训练的意义可以参考我的著作《唤醒你沉睡的创造力》。

● 纸张规格为 A4。

● 保持画面整洁、纸张干净、线条关系正确（关于线条处理参考"线条法则"相关讲座）。

● 将时间控制在三小时以内。

● 中途不可以翻转画面加以对比。

画面完成后，无论结果如何，都需要扫描到计算机里，在 Photoshop 里和原稿拼接到一起做对比，如图 3.64 所示。

● 注意是倒着对比，而不是正着对比（作业的拼接对比按照统一的要求进行）。

● 需要在原稿上详细写出哪些部分与原稿有差异，按照视觉语言的规律从整体写向局部，书写工整。

● 当你觉得自己没有什么可写的时候，就在 Photoshop 里把画面正过来和原稿做对比，然后再看看你所写的，你就明白哪些地方是你自己没有意识到的了。这时就需要你好好把握那些地方。

● 需要找出至少 15 处不相同的地方，并标注在画面里，如图 3.65 所示。

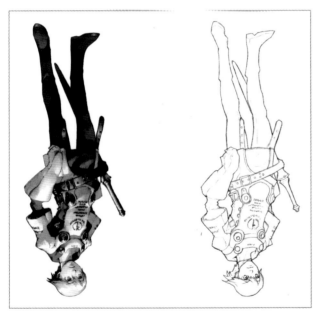

▲ 图 3.64

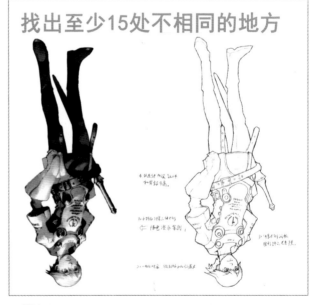

▲ 图 3.65

下面对此项训练进行补充说明。

尽量按照达标时间完成训练，以每人完成两张为宜。对于无法在规定的时间内完成训练的学生，可以以天数为单位完成第一张。

如果实在无法完成，需要对同一张反复练习，直到能够顺利地提高速度和质量。

四、临摹训练

临摹训练是一种非常常规的绘画训练，但是很多人是按照错误的方式进行临摹训练的。这里必须对临摹的规则进行强调说明。

首先，临摹训练分为如图 3.66 所示的"铅笔临摹"与"CG 临摹"两个部分。两个部分达到的训练目的不尽相同。铅笔训练是单纯的绘画笔感和图像输入的训练；而 CG 临摹则带有熟悉工具和 CG 表现效果的意义。

▲ 图 3.66

1. 铅笔临摹训练

铅笔临摹训练早期需要大家布置好自己的工作环境，而后期可以带着一个速写本到处走，如图 3.67 所示。

▲ 图 3.67

训练需要画到硬皮的速写本上，这样便于携带和保存，如图 3.68 所示。

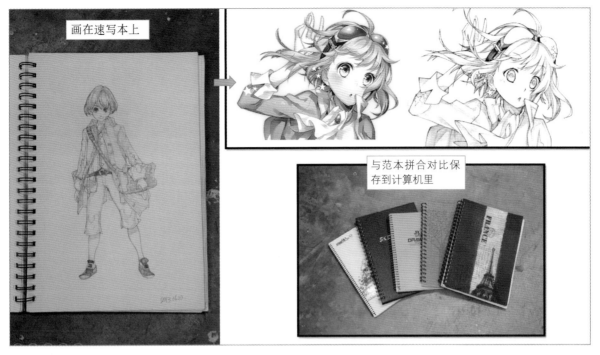

▲ 图 3.68

训练的流程按照图 3.69 所示进行。

在范本的选择上，初学者一定要选择"以线条造型为主"的范本。这样做的好处是更容易给初学者建立标准的尺度，如图 3.70 所示。

选择范本	→	归纳范本	→	进行临摹	→	对比修改	→	逐步默写	→	持之以恒

▲ 图 3.69

▲ 图 3.70

训练的难度从头像开始，逐步过渡到全身，如图 3.71 所示。

从头像开始逐步过渡到全身

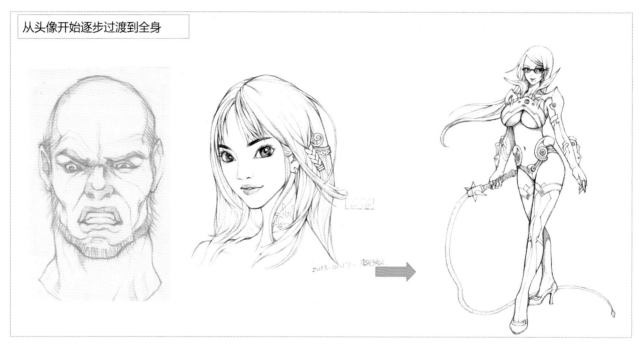

▲ 图 3.71

下面提供一些优秀线稿临摹作业，供大家参考、欣赏，如图 3.72、图 3.73、图 3.74 和图 3.75 所示。

▲ 图 3.72

▲ 图 3.73

▲ 图 3.74

▲ 图 3.75

2.CG 临摹训练

　　和开车需要磨合一样，我们需要在综合的实践中锻炼各种基本的绘画技能，并且使它们协调地结合在一起，如图 3.76 所示。在这个训练里，我们要培养一个学习者基本的信心。

▲ 图 3.76

临摹的时候尽量做到与原作一模一样。在素材的选择上，按照"质感"→"头像"→"全身"→"带背景"这 4 类图的难度依次递进，如图 3.77 和图 3.78 所示。

▲ 图 3.77

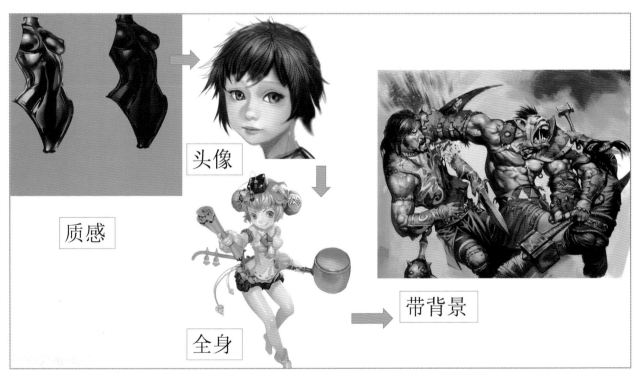

▲ 图 3.78

五、默写训练

动漫造型能力的高低是如何体现的？

● 是否掌握了尽可能多的动漫人物造型门类。

● 绘画速度的快慢。

● 造型的成熟度。

建立坚固可靠的大脑图像库是打造动漫造型能力"快、狠、准"的不二法门，但是要追求"图像的有效输入"就必须通过默写训练，如图 3.79 所示。默写训练是我们快速提高造型能力的关键。

获取范本	观察范本	默写范本	对比修改	重复练习
本教师选择范	五分钟建立视觉逻辑	直到画不下去为止	建立对比性的图像认识	巩固练习成果阶段

▲ 图 3.79

重要规则：

● 注视观察对象 5 分钟。

● 凭借记忆完成画面。

● 实在想不起细节可以中途观察，但不超过三次，如图 3.80 所示。

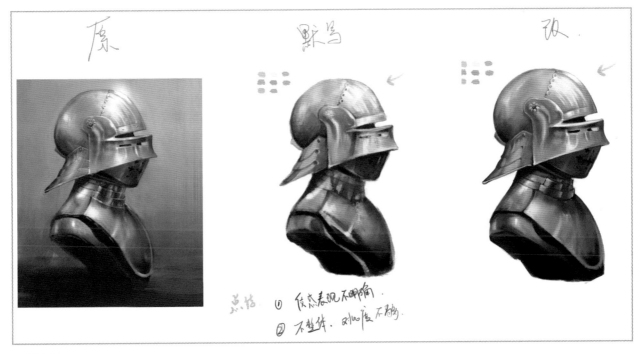

▲ 图 3.80

以各种不同的人物面部头像作为训练的范本是最容易上手的捷径，如图 3.81 所示。

▲ 图3.81

对于比较复杂的对象，可以有针对性地默写。比如图3.82所示，我们可以先不默写颜色和造型，只默写其质感。可以先把颜色提取出来放到画面上作为参考，而造型则可以先照着原图打个线稿轮廓。

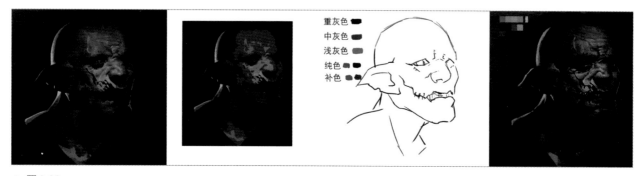

▲ 图3.82

但是无论是做临摹训练还是做默写训练，在早期都应该学习图3.83中学生的做法：

● 建立对比图，方便查找错误。

● 建立时间记录，提高效率。

过程

15分钟

1小时7分钟

2小时20分钟

3小时55分钟

完成图

▲ 图 3.83

关于结构素描的补充

素描分为两种：一种是"光影素描"，一种是"结构素描"。光影素描是我们最为熟悉的，也是各大院校在美术训练中最为普遍的。但是结构素描的重要性被忽略了。目前素描教学中对形体感知能力的缺失，正是因为对结构素描的不够重视造成的，如图 3.84 和图 3.85 所示。

光影素描

在以线条为主要表现手段的基础上，施以明暗，有光影变化，强调突出物象的光照效果。光影素描的表现在于明暗的描写手法。

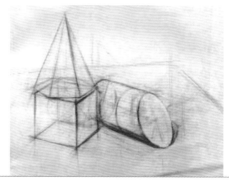

结构素描

这种素描的特点是以线条为主要表现手段，不施明暗，没有光影变化，而是强调突出物象的结构特征。

▲ 图 3.84

结构素描

结构素描是指以结构形态研究为中心，以线条为造型手段，依靠透视的基本原理进行造型。结构素描是设计素描教学的首要课程。

⬇

| 结构的体现 | 透视的运用 | 线条的表现 |

⬇

结构素描是我们掌握形体的几何概括的关键

▲ 图 3.85

对于日常的结构素描训练，可以参考以下建议：

● 用手机拍摄日常生活中的规则物体（例如苹果就不是规则物体，而洗手液就是规则物体，如图 3.86 所示）。

● 在巴掌大的小本上画结构。

● 可以采用红蓝铅笔打形。

● 每日做 5 张左右。

▲ 图 3.86

第四章
笔法即天下

关于 CG 插画的笔刷的使用

CG 的笔刷是所有 CG 知识和技能的开始。掌握了笔刷的相关技法，即使你是一个初出茅庐的新人，也可以画上几笔了。本章会从笔刷的安装、设置及核心用笔法的角度详解什么是 CG 的笔刷。

第一节 什么是 Photoshop 的笔刷

要想画 CG 作品就得使用 Photoshop 的笔刷。但是笔刷在哪里？笔刷需要安装吗？笔刷的使用有什么窍门？本节将全面介绍笔刷的基础知识。

打开 Photoshop，在左上角找到笔刷的控制按钮（如图 4.1 所示），打开后就可以看到琳琅满目的笔刷，随便选一支涂鸦一下。注意：你看到的笔刷并非 Photoshop 自带的，而是我从第三方下载后自行安装的，后面会提供给大家。

提示：在 Photoshop 中打开笔刷的快捷键是 B 键。

▲ 图 4.1

首先介绍 Photoshop 自带的笔刷。

一、Photoshop 自带笔刷介绍

安装 Photoshop CC 后，会出现如图 4.2 所示的笔刷包："干介质画笔""湿介质画笔"和"特殊效果画笔"。

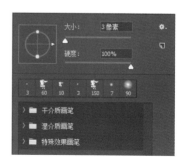

▲ 图 4.2

1. 干介质画笔

干介质画笔是指模仿自然绘画中那些干涩笔触的绘画工具，比如粉笔、蜡笔等。我认为只留下少数几支即可，其他的都可以删除，如图 4.3 所示。

另外，在 Photoshop CC 以前的版本里，集成了不少自带的被称为"Bristle Tips"的笔刷。Bristle Tips 笔刷和传统的笔刷有不同的图标（缩略图），很好识别，凡是带有笔刷方向指示的就是 Bristle Tips 笔刷，如图 4.4 所示。

这类笔刷会调动显卡的功能，实现笔刷随着使用者的用力方向不同而自行变化笔触。听起来是不是很酷炫？其实这类笔刷由于占用计算机太多资源，造成画一笔就能卡半天，所以建议不用，如图 4.5 所示。

▲ 图 4.3

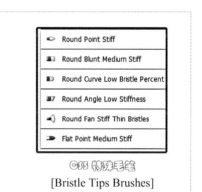

▲ 图 4.4

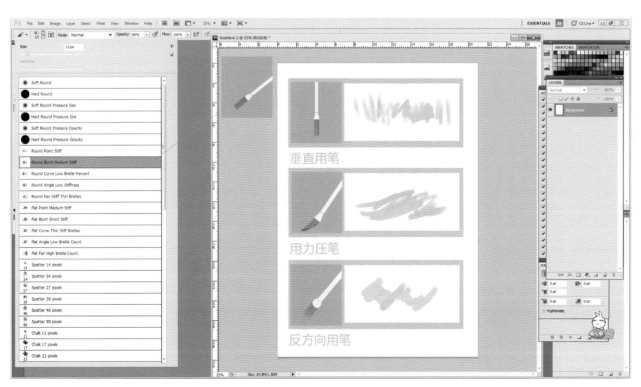

▲ 图 4.5

2. 湿介质画笔

湿介质画笔（Wet Media Brushes）是 Photoshop 里用于模拟水彩效果的画笔，如图 4.6 所示。

如图 4.7 所示就是使用"Rough Round Bristle"与"Rough Ink"这两种湿介质画笔完成的。当然，如果你采用更为复杂的组合，就能产生更为复杂的效果。

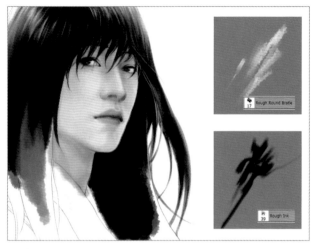

▲ 图 4.6　　　　　　　　　　　　　　　　▲ 图 4.7

3. 特殊效果画笔

这种笔刷就是各种笔刷的合集，如图 4.8 所示，可能是 Adobe 公司想自己开发一些笔刷来替代用户自己定义的笔刷。但它们是无法取代强大的第三方笔刷的。

Photoshop 自带的笔刷是非常有限的，因此那些优秀的艺术家们开发了属于自己的笔刷，我们把这些自己设计的笔刷称为"第三方笔刷"。正如它的名字一样，这些笔刷的种类和数量都是极其巨大的，并且往往需要通过第三方的下载地址：比如画家自己的博客等。所以究竟使用方便与否，是没有定论的，必须要亲自试过才有定论。

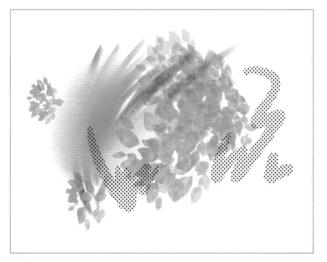

▲ 图 4.8

二、第三方自定义笔刷库

要使用 Photoshop 绘制出生动的场景，就必须要懂得使用一些非 Photoshop 自带的笔刷，也就是我们常说的画家们自己定义的笔刷。当然，这些生动的笔刷都可以通过在网上下载得到，一般下载的文件扩展名为 .abr。掌握自定义笔刷库的使用，是走向专业 CG 绘画道路的标志。

下面介绍一些有名的自定义笔刷库。

1. Blur's Good Brush 及 Blur's PBR Brush

Blur's Good Brush 是一套针对 **Photoshop** 开发的二维绘画笔刷（如图 4.9 所示），包含常规数字绘画中所需要的多种专业笔触，如仿真传统绘画画笔、风格化画笔、特效画笔、纹理画笔等，是一套功能齐全、专业的绘画工具。Blur's Good Brush 是当前国内 CG 绘画领域最受欢迎的专业工具之一，可以方便、高效地帮助我们实现数字绘画中的各种效果，适合从事插画、概念设计、Mattepainting、2D/3D 动画制作、平面设计等行业的专业人士使用，目前最新版本为 7.0 版，且仍在不断完善和更新中。Blur's PBR Brush 是不同于 Blur's Good Brush 的另一个绘画工具库，它是专门用于 Substance Painter（专业 3D 材质纹理绘画软件）的画笔工具集与材质库，长于绘制自然类的材质效果，非常适合从事游戏、电影、动画及绘画创作等三维制作领域的用户，目前是 1.0 版（如图 4.10 所示）。

▲ 图 4.9

▲ 图 4.10

笔刷开发者杨雪果是国内顶级的 CG 专家。他为笔刷编写了一本较全面的教程，《WOW!Photoshop 终极 CG 绘画技法——专业绘画工具 Blur's Good Brush 极速手册（第 2 版）》及《CG 思维解锁·数字绘画艺术启示录》，如图 4.11 所示。

2.Sage Brush 10

这套笔刷中有开发者自己制作的，也有收集的，如图 4.12 和图 4.13 所示。他希望这套笔刷主偏重于传统手绘，次偏重于 3D 贴图纹理绘制，所以这样组合，基本上可以满足所有画风的需求。除了 LOGO 以外，有 57 支笔刷。你会发现笔刷之间的配合性提高了很多。

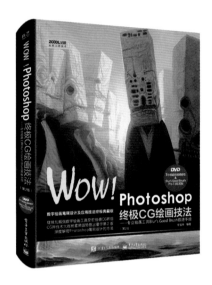

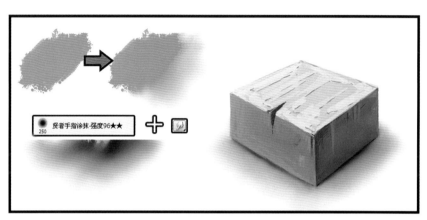

▲ 图 4.12

▲ 图 4.11

▲ 图 4.13

笔刷开发者陈治屹（如图 4.14 所示），他是来自云南的职业 CG 设计师，负责多项跨国的大型游戏和 CG 的设计项目。他开发的"SAGE BRUSH"系列画笔也是本书中多有涉及的。目前，在美国 Dreamverse 游戏公司担任未来器械概念设计。

3. 灵华水墨笔 4.0

"灵华水墨画笔"是一套用于 Photoshop 软件的专业计算机绘画工具，专攻模拟传统水墨画和毛笔书法（如图 4.15 和图 4.16 所示）。配合专业数位板使用该工具，将会给绘画者带来前所未有的创作体验。运用传统的勾、皴、擦、点、染笔法，可以轻松实现浓、淡、干、湿、枯的效果。除了模拟传统水墨画，该工具也有作为数字绘画工具的特色，例如：使用特效类笔刷，可以轻松画出水墨流体、飞洒液体、智能羽毛、智能树枝、缭绕云雾、竹叶竹林等效果，还有更多精彩有趣的内容，等待你来体验和发现。

▲ 图 4.14

▲ 图 4.15

▲ 图 4.16

4. 陈惟写实套装 3.0 与陈惟原画套装 3.0

这套笔刷就是我自己使用的笔刷套装，如图 4.17 所示。该套笔刷经过我的亲自修正已经发展到了 3.0 版本。最大的特点是精简实用，博众家之长，号称"笔刷界的九阴真经"。使用这套笔刷绘画的作品效果如图 4.18 所示。

要想获得更好的使用体验，请使用 Photoshop CC 版本。因为我是在 Photoshop CC 里整合出目前使用的这套笔刷的，一些笔刷有特定的参数，在非 Photoshop CC 的版本里是读取不了该笔刷的参数的。

▲ 图 4.17

▲ 图 4.18

在 3.0 版本里，我把笔刷分为 8 个大类，分别为：起形—勾线原画基础套装、切笔套装、细节干笔套装、混合笔套装、纹理材质套装、形状笔套装、底纹套装、特效套装。

下面具体介绍这些笔刷的功能。

1. 起形—勾线原画基础套装

这类笔刷是专门用于起形与勾线的，里面集合了很多大触的常用起形笔，如图 4.19、图 4.20 和图 4.21 所示。

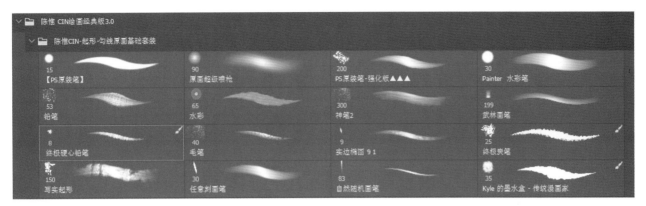

▲ 图 4.19

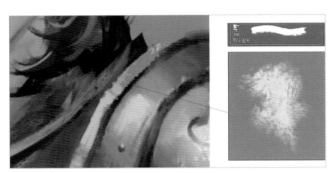

▲ 图 4.20

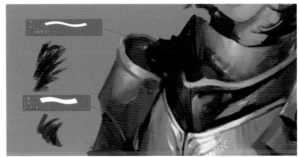

▲ 图 4.21

2. 切笔套装

切笔套装，顾名思义是切笔练习用的笔刷，大部分都以方形为主，目的在于强制性地让学习者切出正确的图形，掌握 CG 最核心的基本能力，如图 4.22 所示。

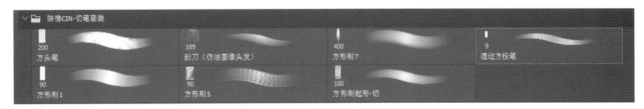

▲ 图 4.22

我的小助手的这个练习基本上只使用了方形刷 1，其他带有纹理的方形笔刷只涂了一两笔，如图 4.23、图 4.24、图 4.25 和图 4.26 所示。

▲ 图 4.23

▲ 图 4.24

▲ 图 4.25

▲ 图 4.26

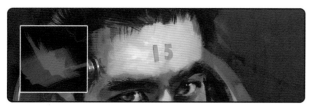

▲ 图 4.27

3. 细节干笔套装 & 混合笔套装

"细节干笔套装"画笔主要用于模拟真实绘画里的各种自然毛笔，其中包含多种可以产生传统手绘效果的笔触，专门用来模拟油画、粉画、丙烯画、水彩等风格的作品，如图 4.27 所示。

细节干笔套装中画笔的用法跟切笔套装中的一样，不过形状特异且带有纹理，画出来富有质感，如图 4.28 和图 4.29 所示。

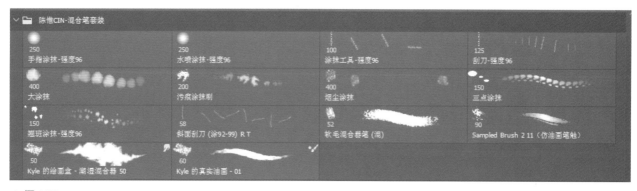

▲ 图 4.28

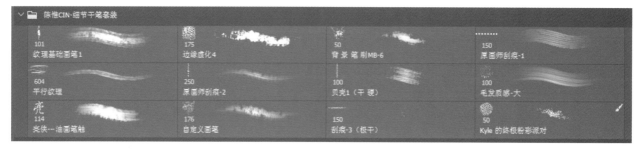

▲ 图 4.29

4. 纹理材质套装

纹理材质套装，顾名思义，就是给画面增加纹理的笔刷，如图 4.30、图 4.31 和图 4.32 所示。

▲ 图 4.30

▲ 图 4.32

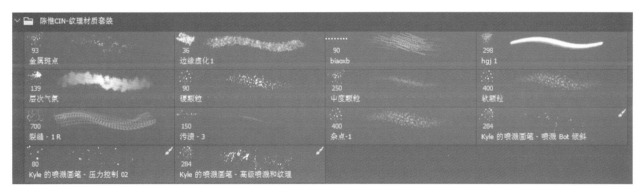

▲ 图 4.31

5. 形状笔套装

形状笔套装包含很多种绘画中常用的形状，比如植物、石头、几何形、皮毛、伤口等，帮助用户快速绘制自然元素或者各类结构等，如图 4.33、图 4.34 和图 4.35 所示。

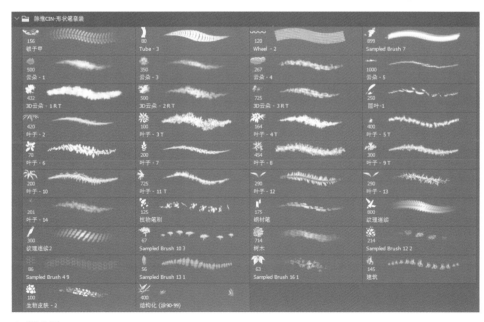

▲ 图 4.33

▲ 图 4.34

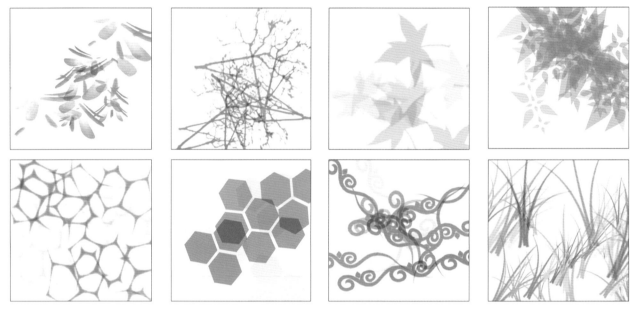

▲ 图 4.35

6. 底纹套装

使用底纹套装笔刷可以生成各种自然的纹理效果，比如旧化、污渍、泼溅、腐蚀、刮痕、流淌等，适合数字绘画中的纹理绘制和 3D 动画的贴图制作。这类画笔可以方便地绘制出带有抽象或者特殊效果的笔触，非常适合喜欢创作个性化风格作品的画家，如图 4.36、图 4.37 和图 4.38 所示。

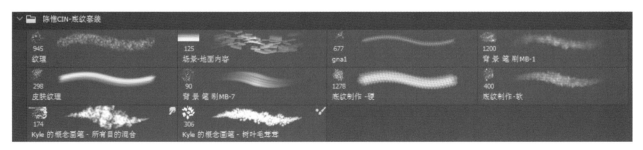

▲ 图 4.36

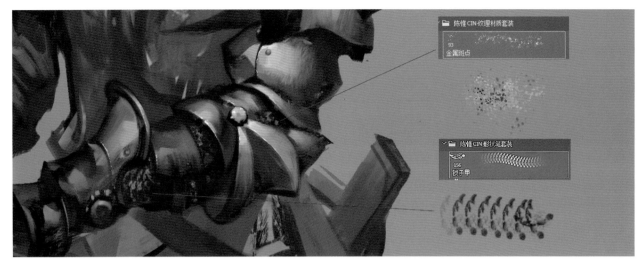

▲ 图 4.37

▲ 图 4.38

7. 特效套装

　　特效套装笔刷主要用于模拟一些比较常见的特殊效果，比如云雾、气体、火焰、发光、雨雪、结构、魔法等，用于增强画面表现、调节画面气氛、制作动画特效等，属于后期处理类画笔。这类画笔使用方便简单，使用它们可以事半功倍，若没有它则很难画出理想的效果。所以，对于某些特殊效果是如何利用此类笔刷完成的，在学习的过程中要不断实践、总结，一旦掌握，就是独门技巧。套装及效果如图 4.39 和图 4.40 所示。

▲ 图 4.39

▲ 图 4.40

如图 4.41 所示的火焰就是使用这类笔刷完成的。

▲ 图 4.41

三、第三方画笔的载入

安装笔刷的办法很简单。

1. 安装办法 1

将 Blur's good brush-4.5 pro.abr 文件复制到 Adobe\Adobe Photoshop CS3 以上版本的预置画笔文件夹。重新启动 Photoshop，在笔刷设置面板中载入笔刷。

2. 安装办法 2

载入画笔。单击 Brushes 画笔面板中的扩展面板按钮（三角形），选择 Load Brushes（载入画笔）命令。在弹出的窗口中，选中画笔，单击 load（载入）按钮，如图 4.42 和图 4.43 所示。

▲ 图 4.42

▲ 图 4.43

3. 安装办法 3

直接双击笔刷文件即可。

安装好笔刷后一定要显示为大列表（Large List）方式。这种方式的优势在于可以看到笔刷的形状如图 4.44 所示，这样就很容易选择。但是在 Photoshop CC 的版本里没有"大列表"选项了，所以需要选中所有的选项，如图 4.45 所示。

▲ 图 4.44

四、画笔的整理与分类

不同版本的 Photoshop CC，笔刷的呈现方式略有不同，如图 4.46 所示。

Photoshop CC 以前的版本没有办法进行很方便的整理。而 Photoshop CC 笔刷的整理是一个革命性的更新。以下是针对 Photoshop CC 以前版本做的说明。Photoshop CC 因为过于方便就没有必要具体讲解了。

在画笔面板里，单击右边的小三角形可以进入 Present Manager 预设管理器窗口，在这里可以把你认为没用的或者多余的笔刷删除，当然那些被精选留下来的笔刷可以单独保存成一个文件，便于重装系统时使用，如图 4.47 所示。

▲ 图 4.45

图在 Photoshop CC 以下的版本里，笔刷无分类，呈列表无序排列

▲ 图 4.46

图在 Photoshop CC 以上的版本里，笔刷按照文件夹分类

按住 Shift 键可以选择多个画笔

▲ 图 4.47

第二节　正确认识 Photoshop 中的绘画笔刷

CG 笔刷的丰富效果是 CG 正式取代手绘成为商业绘画主流的重要原因。只有精通了 Photoshop 中笔刷的相关特点和学习法则，你才能真正领略到笔刷无与伦比的美感。

▲ 图 4.48

如图 4.48 所示是我的一张作品，如此复杂的画面和效果，其实是用同一笔刷配合不同的用笔法来实现的。

我们为何要使用笔刷呢？这个问题看似简单，其实暗含了 CG 笔刷存在的若干重大理由。一件毫无意义的东西是没有存在价值的。CG 笔刷至少有两个重要作用，所以笔刷相关知识才当之无愧地成为所有 CG 技术中的首要知识点。

笔刷在绘画中有丰富绘画效果和加快绘画速度两个作用。

如图 4.49 所示，如此丰富的画面效果显然不是一种笔刷作用的结果，而是多种笔刷混合使用的结果。

如果要想快速地完成如图 4.50 所示的树木的绘制，需要类似树木的笔刷，以及画树叶的笔刷与画树枝的笔刷。

▲ 图 4.49

一、Photoshop 笔刷的特点

既然 Photoshop 的笔刷有这些好处，那么我们就来把握一下这些笔刷的使用。当我们安装笔刷后，由于种类多，会感到很迷茫，这些海量的笔刷应该

▲ 图 4.50

从哪个方面入手来学习呢？本节就帮大家整理一个思路：熟悉 Photoshop 笔刷的特点，之后就能很容易地把握这些笔刷的特性了。

目前，Photoshop 的笔刷具有如下特点：

1. 数量无穷而类型有限

目前能找到的 Photoshop 笔刷数以万计，但是主要的类型大概只有 6 个。所以只要你能清楚地了解这 6 个分类的原则及每个类型的特征，那么笔刷的问题也就不难了，如图 4.51 和图 4.52 所示。

▲ 图 4.51

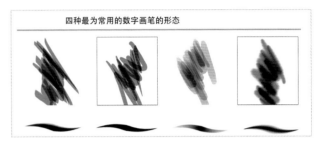

▲ 图 4.52

2. 笔刷效果的变化规律

不管这些笔刷以何种面目出现，它们都必定是由"大小"+"用笔法"来决定其最终效果的。所以只要把握了用笔法的规律，那么笔刷的问题也就不攻自破了，如图 4.53 所示。

▲ 图 4.53

比如，我们用"惟画笔"里自带的"写实起形"笔，按照不同的笔刷大小及不同轻重的用笔法就能得到至少 7 种完全不同的画笔效果，如图 4.54 所示。

▲ 图 4.54

根据 Photoshop 笔刷的这一特性，我们设计了一个小的课后练习：在同一个圆形内画不同的笔刷效果，前提是用同一支笔，如图 4.55 所示。

▲ 图 4.55

3. 笔刷的非定向原理

所谓"非定向"，就是殊途，但会同归。比如在图 4.56 中，我们可以看到 A 同学采用某一个固定的流程绘制了一幅作品。在这个过程中使用了若干笔刷。

▲ 图 4.56

漻草国画笔 -3（正片叠底）

用该笔刷画出原图水面的纹理效果

原画师刮痕 -2

用该笔刷画出原图部分远景山、天空近中景
进行的效果

1.勾出大致线稿

2.涂出近中景色块

3.速涂远景、天空和水图层

4.用各种笔刷细化

但是，同样的效果却被 B 同学使用别的不同的画笔来完成了，如图 4.57 所示。

画笔大小 175 左右
吸色基础上颜色调暗

污渍 - 5

画笔越小、越细腻、颜色越暗

正是这种"非定向的特性"使得我们可以不必把一种效果死死地对应一种笔刷来记忆。试想，很多初学者的想法不就是等着老师来告诉他什么样的效果是什么样的笔刷完成的吗？可是，如果不再纠结笔刷与效果之间所谓的绝对对应关系，那么笔刷的应用能力就有了很大的提高。

二、Photoshop 笔刷学习的法则

针对 Photoshop 笔刷的如上特点，我总结出了 Photoshop 笔刷的学习技巧，如图 4.58 所示。

笔刷的特点	学习的法则
1. 数量无穷而类型有限	1. 简化整理
2. 笔刷效果的变化规律	2. 掌握基本用笔法是关键
3. 笔刷的非定向原理	3. 逆向分析法

▲ 图 4.58

具体用法如下：

● 要把下载的笔刷进行分类和甄别。

● 对于分类，你完全可以按照自己的理解来进行。比如，有人认为 A 笔刷是画树的，而你的习惯完全可以用来画怪兽的皮肤。

● 如果要想真正掌握笔刷，就需要对用笔法这个部分做专项的训练（详见后面的内容）。用笔法不过关，就不算学会使用笔刷。

● 正是因为笔刷的"非定向"原理，我们才能开展所谓的"逆向分析法"训练。否则，对于任何一个绘画效果，如果作者不说，那么我们也不可能通过自己的分析和推断来知道。

三、第三方笔刷

对于第三方笔刷，无论类型有多少，效果又如何，总体来说就是"绘画笔"（Brush Tool）与"涂抹笔"（Smudge Tool）两大类，如图 4.59 所示。这两大类需要掌握的就是，笔刷名称后注有 93 ～ 99 等数字的，表示属性为"涂抹笔"（Smudge Tool），专门用于混合色彩和产生涂抹特效，数字范围代表涂抹工具最佳强度设置范围。

某些笔刷名称后面通常会注有正片叠底(Multiply)、滤色(Color Dodge)、颜色减淡（Linear Burn）等属性，这些笔触需要将笔刷模式设置为注释中的模式来使用才能体现出最佳的效果，如图 4.60 所示。

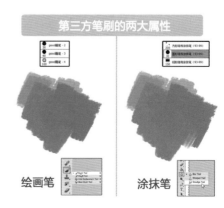

▲ 图 4.59

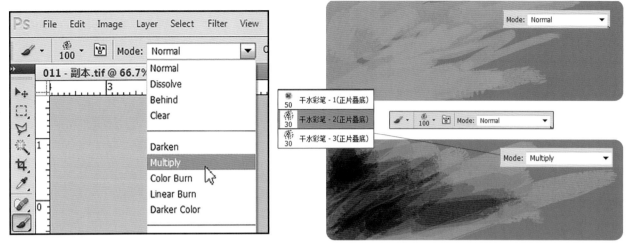

▲ 图4.60

在使用有数字标注的油画笔（90～99F）的时候，需要选中工具设置中的Finger Painting（手指绘画）复选框，这样在涂抹过程中就能选择颜色，产生带有颜色黏稠效果的逼真质感，但是在使用刮刀、混合涂抹一类的工具时需要取消选中手指绘画复选框，如图4.61所示。

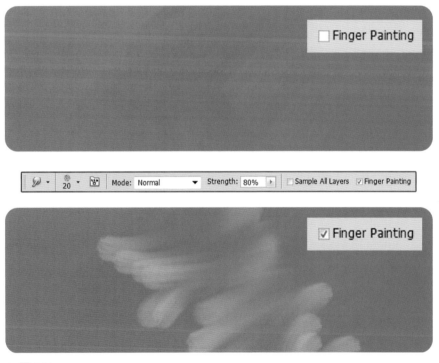

▲ 图4.61

然后在Photoshop中打开一张风景照片。接下来我们就看看如何利用Mixer Brush Tool在很短的时间内将一幅照片转成漂亮的CG作品，我只需要5分钟，如图4.62所示。

这种效果主要用于某些CG插画作品的背景。不少CG作品的背景都是采用类似的技术完成的，别以为都是一笔一笔画出来的。其实软件有这样的功能，我们就应该多多使用，充分发挥软件画画的功能。

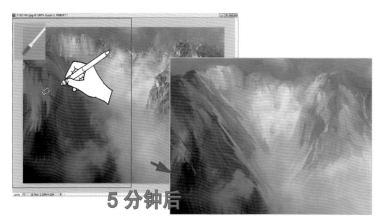

▲ 图 4.62

在原始照片上建立一个新图层，选中"Sample All Layers"复选框（这样笔刷才能自动识别并获取下面图层的颜色，如图 4.63 和图 4.64 所示）。

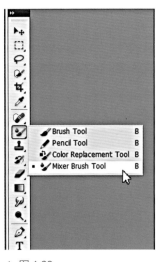

▲ 图 4.63

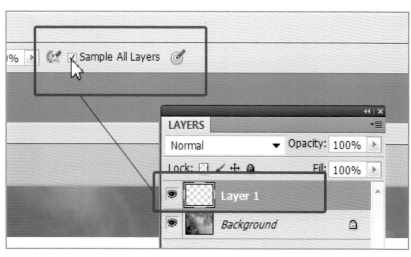

▲ 图 4.64

● Wet：表示画布的湿度，不是笔刷的湿度。

● Load：表示画笔上蘸有多少颜料。

● Mix：表示颜色的混合率，如果希望画笔颜色和底色混合得更充分，就把这个值设置得高一点；反之，设置得低一些。

● Flow：用于控制喷笔 Air Brush 颜料喷出的速度，如图 4.65 所示。

提示：其实这些设置对于画笔的影响并不像我们想象的那么大，效果也不明显，一般使用预设值完全足够。对于绘画者来说，不可能画一笔就去调节一下参数。

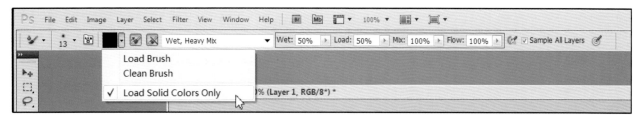

▲ 图 4.65

第三节　自定义画笔

第三方笔刷是如何定义出来的呢？我们需要掌握自定义笔刷的相关知识，这样就可以设计属于自己的个性化笔刷了，如图 4.66 所示。

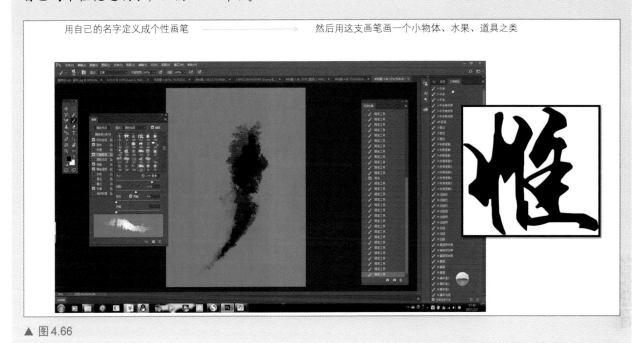

用自己的名字定义成个性画笔 ⟶ 然后用这支画笔画一个小物体、水果、道具之类

▲ 图 4.66

自定义画笔的意义何在？

● 进行已有画笔的局部微调。

● 临时增加特殊需求的画笔。

选择"编辑"（Edit）→"定义画笔预设"（Define Brush Preset）"命令，如图 4.67 和图 4.68 所示。

这样就产生了全新的画笔，我们还可以为这支画笔命名一个全新的名字。

这时我们先试着乱画几笔，可以发现笔触极其难看，似乎就是单调的重影而已，这是因为我们还没有设置更加详细的笔刷参数，如图 4.69 所示。

双击笔刷，打开"画笔设置"面板。那么如何设置以制造出需要的功

还原矩形选框(O)	Ctrl+Z
前进一步(W)	Shift+Ctrl+Z
后退一步(K)	Alt+Ctrl+Z
渐隐(D)...	Shift+Ctrl+F
剪切(T)	Ctrl+X
拷贝(C)	Ctrl+C
合并拷贝(Y)	Shift+Ctrl+C
粘贴(P)	Ctrl+V
选择性粘贴(I)	▶
清除(E)	
搜索	Ctrl+F
拼写检查(H)...	
查找和替换文本(X)...	
填充(L)...	Shift+F5
描边(S)...	
内容识别缩放	Alt+Shift+Ctrl+C
操控变形	

定义画笔预设(B)...

自动对齐图层...
自动混合图层...
定义画笔预设(B)...
定义图案...

▲ 图 4.67

▲ 图 4.68

▲ 图 4.69

▲ 图 4.70

能呢？下面选择我在绘画的时候经常使用的控制键进行介绍，如图 4.70 所示。

1. 设置画笔的粗细变化与用笔角度

首先，需要选中"画笔预设"中的一些复选框。其中的"形状动态"复选框是必须选中的，否则你的压感笔就会丧失其由粗到细的表现效果，如图 4.71 所示。

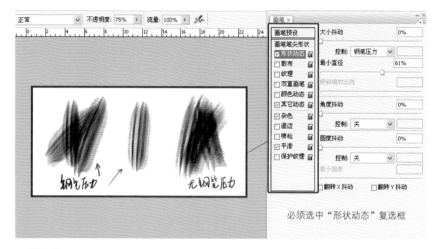

▲ 图 4.71

在"控制"下拉列表中选择"钢笔压力"选项，否则画笔会没有压力感应，如图 4.72 所示。

其次，设置旋转画笔角度的功能。一旦我们调整了画笔的角度，那么画出的笔触形状也就会随着改变。这也是非常常用的调节功能，如图 4.73 所示。

▲ 图 4.72

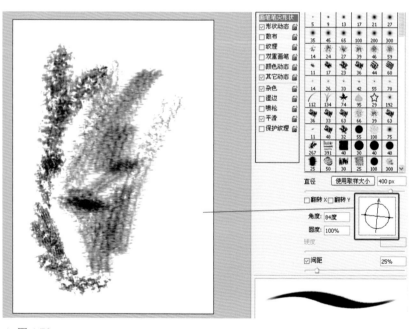

▲ 图 4.73

2. 设置画笔的随机性

如果画笔一直都是整齐划一的笔触，那么我们就会失去了绘画的手绘感。因此先调节 Scatter（散布）的效果就能快速画出这些大小不等，同时具有颜色与方向变化的多个同一图形，如图 4.74 所示。

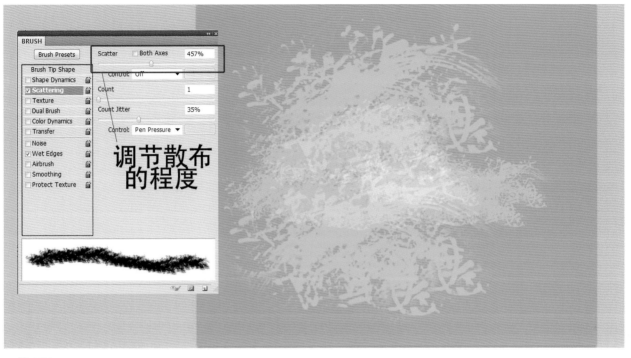

▲ 图 4.74

除了 Scatter（散布）以外，还有一个"传递"功能可以增加画笔的随机性，如图 4.75 所示为选中"传递"复选框的效果。

如果选中了"双重画笔"（Dual Brush）复选框，如图 4.76 所示，那么你会得到如图 4.77 所示的效果。大家可以仔细思考，这样的功能能够辅助你完成什么样的效果呢？

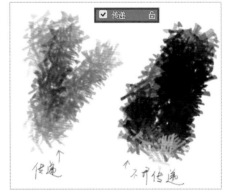

▲ 图 4.75

▲ 图 4.76

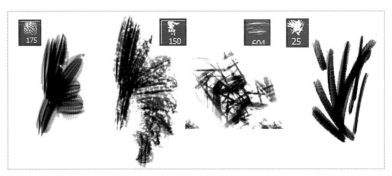

▲ 图 4.77

3. 改变画笔的颜色

由于我们需要从红色到绿色的颜色变化，所以我们调节 Color Dynamics（颜色动态）选项。这里设置的是 Foreground/Background Jitter，即前景色（红色）到背景色（绿色）的抖动。由于 44% 而不是100% 的变化，将不会出现绿色的花，而是介于红色与绿色（紫灰色）。我们需要大小不等的尺寸与方向变化，因此调节 Shape Dynamics（形状动态），如图 4.78 和图 4.79 所示。

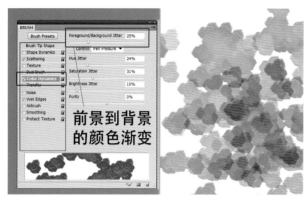

▲ 图 4.78

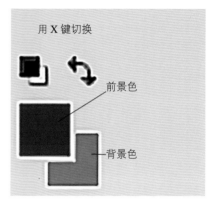

▲ 图 4.79

4. 如存储画笔

我们定义了画笔之后，如果再次打开就会发现所有的属性都不见了，因此需要使用存储画笔预设功能，如图 4.80 所示。

▲ 图 4.80

可以在弹出的对话框中命名。若选中"包含颜色"（Include Color）复选框，以后每次选用此画笔，都是当前的指定颜色。在这里，当前的指定颜色是"红色"前景色与"黄色"背景色。如果需要相同的画笔但不指定当前颜色，就再新建一次，取消选中"包含颜色"（Include Color）复选框，如图 4.81 所示，另存为另一支画笔，单击"确定"按钮，画笔则出现在面板中。

这时再选择"惟惟笔"就会发现带有颜色了，如图 4.82 所示。

▲ 图 4.81

▲ 图 4.82

5. 定义图案画笔

如果我们看上一个现成的图案，想要用它来制作画笔该怎么办呢？

首先，打开一张现成的底纹，这些底纹可以是你在网络上下载的，也可以是你平常收集的。本例的底纹是在一次油画展览上我自己拍摄的，如图 4.83 所示。然后我们把这个底纹在 Photoshop 里变成灰度模式，如图 4.84 所示。

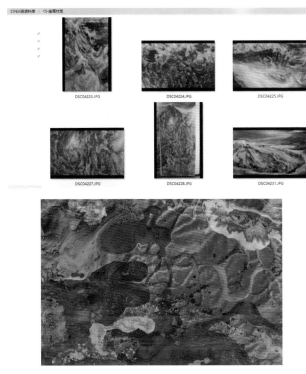

▲ 图 4.83

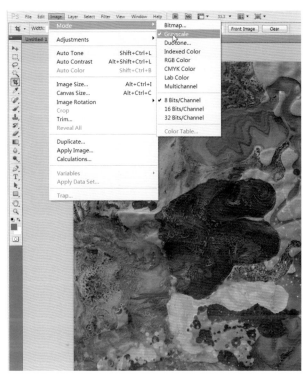

▲ 图 4.84

按快捷键 Ctrl+L 调出 Levels（色阶）对话框。然后拖动滑块加大黑白的对比程度，如图 4.85 所示。

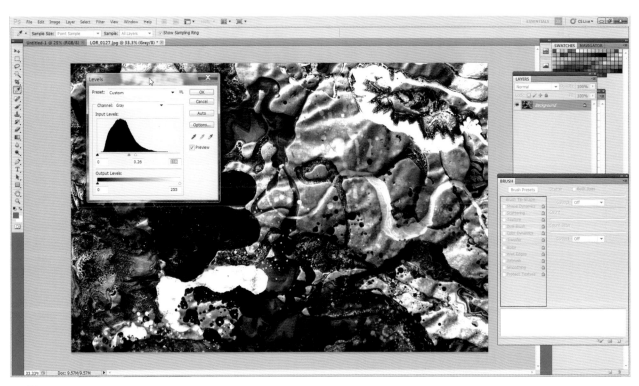

▲ 图 4.85

然后选择 Select（选择）→ ColorRange（色彩范围）命令，把中间的黑色部分选择出来。但是值得注意的是，直接选择出来的纹理的周围是整齐的，需要将之缩小，如图 4.86 上图所示，然后把边缘过于整齐的部分用笔刷补充画出来。否则，我们制作出来的笔刷都将是有着长方形边缘的笔刷。

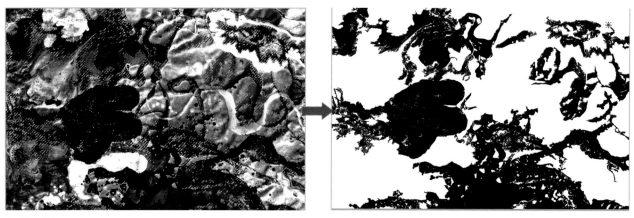

▲ 图 4.86

打开 LAYERS（图层）面板，按住 Ctrl 键单击图层 Layer1。选中图层内容，出现选区轮廓。选区轮廓决定了画笔形状。由于底纹的四周是透明区域，图层选区轮廓就是底纹的轮廓，也就是画笔形状为底纹的形状，如图 4.87 所示。

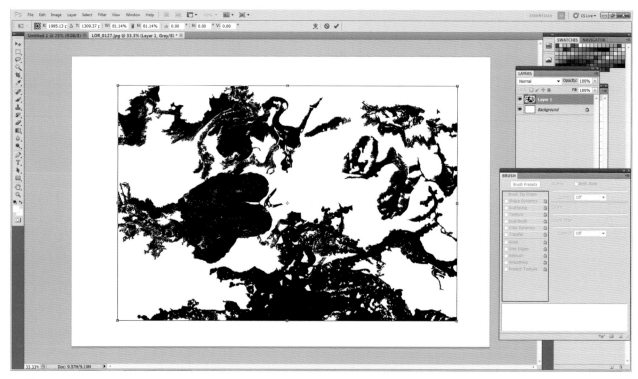

▲ 图 4.87

选择 Edit（编辑）→ Define Brush Preset（定义画笔预设）命令。

这样就产生了一支全新的画笔，如图 4.88 所示我们还可以为这支画笔命名一个全新的名字。

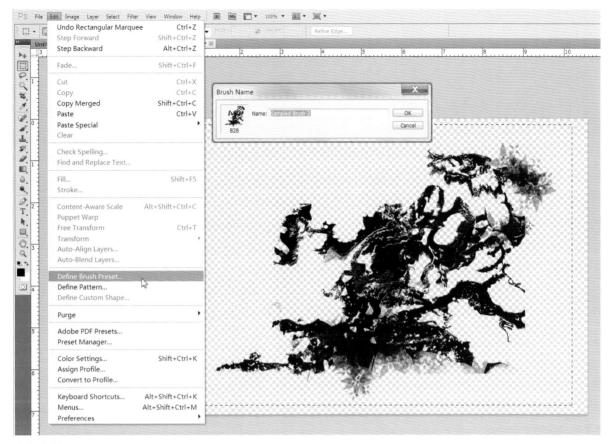

▲ 图 4.88

接下来，我们就可以重复前面的步骤，在"画笔设置"面板中对这支画笔的各项属性进行设置，使我们可以利用这支画笔画出更多的效果了。

类似这样一个逼真的猫头鹰和优美的人像绘画就是采用上面我们所教授的各种笔刷的组合来完成的，如图 4.89 和图 4.90 所示。当然，你完全可以开发出属于自己的笔刷样本。

▲ 图 4.89

▲ 图 4.90

第四节　CG 的用笔法

有意识的用笔法训练既是 CG 绘画学习的保证，也是 CG 初学者难以入门的障碍。

　　前面我们提到过，CG 的笔刷效果主要和用笔法有关。那么什么是用笔法呢？如图 4.91 所示。

　　所谓用笔法主要是靠压感笔离开板面的频率及笔触的长短来界定的。

　　主要的 CG 用笔法有 4 种。

　　其中，"抹"与"切"笔为主要用笔法，其作用在于塑造型体，完成画面中所需的大部分绘画工作。

　　"点"和"扫"为点缀用笔法，其作用在于美化，点缀画面中的画龙点睛之处，如图 4.92 所示，如图 4.93 所示的画面中运用了 4 种用笔法。

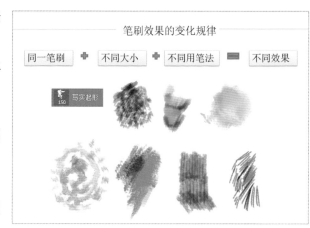

▲ 图 4.91

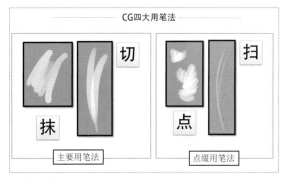

▲ 图 4.92

▲ 图 4.93

如图 4.94、图 4.95、图 4.96 和图 4.97 所示是我在 2007 年创作的一张女猎人的插画。画面中我放大了局部，可以看到大部分的笔触都是一点一点涂抹出来的，只在零星的地方有一些点笔和扫笔的痕迹。比如头发的发丝和羊角上的高光等。

▲ 图 4.94

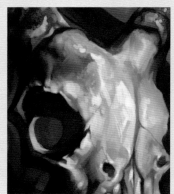

▲ 图 4.95

▲ 图 4.96

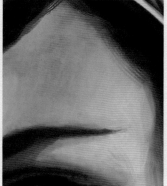

▲ 图 4.97

不同类型的画，各个用笔法的比例不同。一般来讲，场景用的切笔多，如图 4.98 所示；而人物，尤其是日系的人物采用的涂抹笔较多，如图 4.99 所示。

▲ 图 4.98

▲ 图 4.99

下面分别对每种用笔法进行详解。

1. 涂抹

"涂抹"在原理上很简单，但是使用起来也没有那么容易。涂抹的时候需要注意以下事项：

● 控制好笔刷的大小。一般来讲，笔刷的大小应该是过渡区域的 3 倍左右。

● 熟练地使用 Alt 键取色。

● 笔刷的轻重要靠自己手的力度来控制（如图 4.100 所示）。

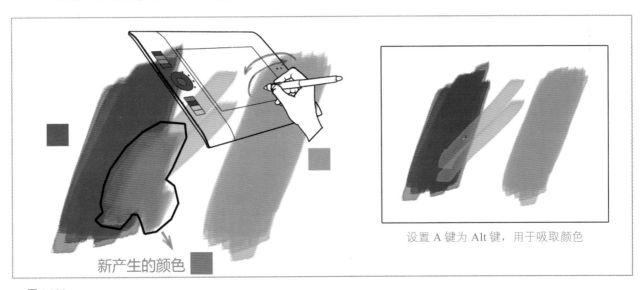

新产生的颜色

设置 A 键为 Alt 键，用于吸取颜色

▲ 图 4.100

训练自己的涂抹能力有一个最好的办法，那就是找到类似唐月辉老师那样精细的作品，之后用 Photoshop 里的"木刻"滤镜将图片处理成图 4.101 所示的最左边的效果，然后试图用喷笔还原原画的精度。

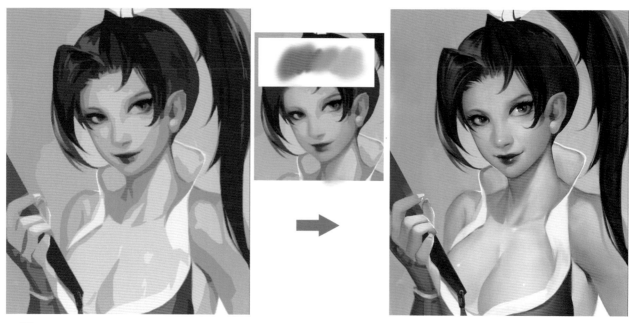

▲ 图 4.101

2. 扫笔

在写实的绘画作品中总有一些任意的笔触和细节。比如图 4.102 中的怪兽头像。这时我们需要用"扫笔"这种用笔方式。其注意事项如下：

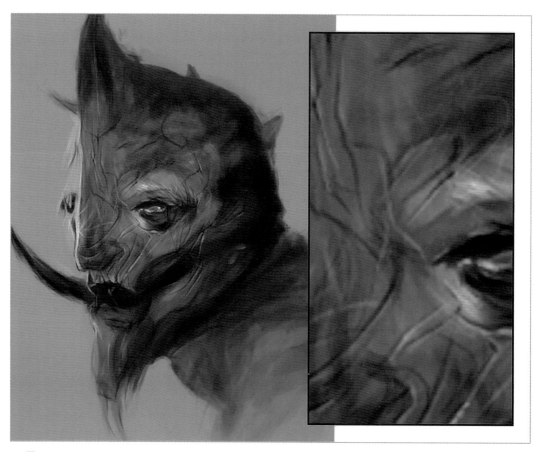

▲ 图 4.102

● 握笔的时候要放松，笔可以随时被从手里抽出的感觉即可。

● 运笔的时候也要放松手腕，任由笔的惯性自由地在画面上游动。

如图 4.103 所示，我们可以看到在"扫笔"法里用笔的先后顺序。关键的要诀就是起笔和尾峰不能一样长，否则会造成视觉上的雷同。

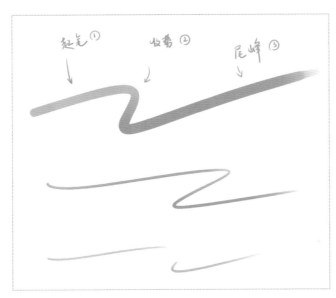

▲ 图 4.103

3. 点笔

如图 4.104 所示的梨上有很多点状物，这些点状物就是使用"点笔"方式完成的。

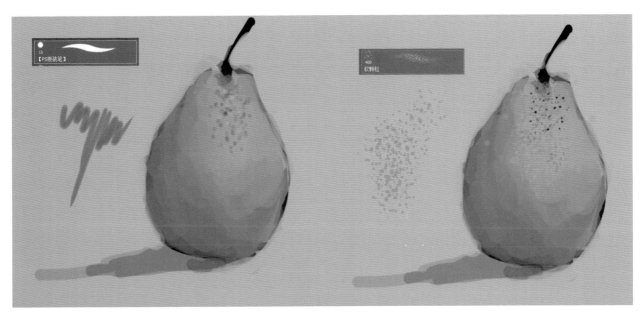

▲ 图 4.104

在我 2015 年创作的这张《死灵武士》中就大量使用了点笔的技巧，如图 4.105 和图 4.106 所示。

▲ 图 4.105

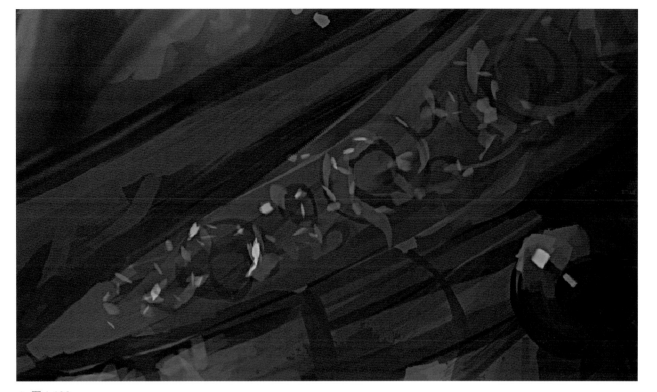

▲ 图4.106

4. 切笔

"切笔"法不但是 CG 造型训练的基础，也是厚涂上色的核心。不掌握"切笔"法是不可能掌握厚涂上色的。但是"切笔"法的掌握并不简单，也有单独的切笔训练体系。切笔是当之无愧的重点和难点之王。

切笔的内涵可以在图4.107中看出。图4.107左边是刻意绘画而产生的石头细节，这样的细节死板而缺乏活力；而右边是切笔所绘制的细节，这样的细节富有变化，显得生动。切笔的核心要义在于：

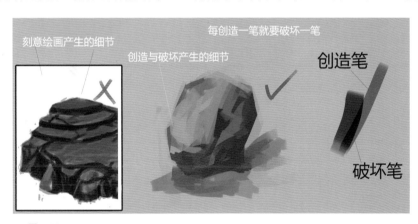

▲ 图4.107

● 每创造一笔就要用第二笔去破坏。

● 第一笔和第二笔不能平行、雷同。

所以，切笔这种画法按照用途又分为"造型切笔"和"过渡切笔"。

仔细观察图4.108和图4.109，就能看到在颜色的过渡层次上"切分式"与"涂抹式"的区别。

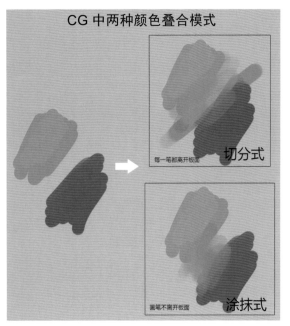

▲ 图 4.108

▲ 图 4.109

"切分式颜色混合用笔"和"涂抹式颜色混合用笔"构成了 CG 绘画中最为重要的两大用笔法，其中尤其以"切分式颜色混合用笔"（简称"过渡切笔法"）最为重要。

完成一张完整的绘画需要两种形式的切笔同时存在，如图 4.110 和图 4.111 所示。

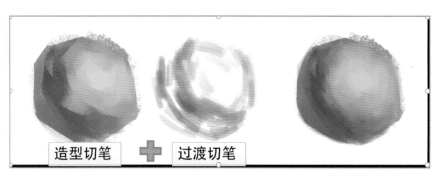

▲ 图 4.110

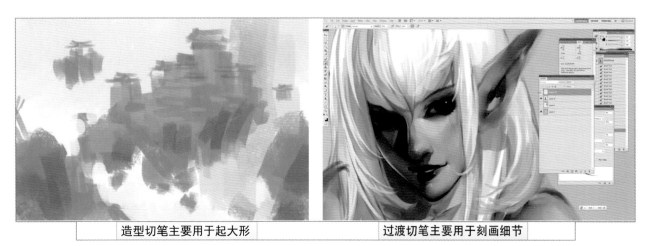

▲ 图 4.111

很多韩式写实的 CG 作品为了追求笔触感，大量采用"切笔"作为颜色的过渡。

"造型切笔法"是 CG 起形的重要基础，也是培养厚涂绘画直觉的关键。

（1）切笔法训练的关键。

● 绝对不允许用 Ctrl+Z 等任何反悔工具。

● 只能用"方形"笔刷。

● 画面禁止放大和缩小。

● 时间尽量控制在半小时以内。

（2）切笔法训练的三个阶段

造型切笔法训练第一阶段：切出一块石头，如图 4.112 所示。

▲ 图 4.112

造型切笔法训练第二阶段：用切笔概括场景，如图 4.113 所示。

▲ 图 4.113

造型切笔法训练第三阶段：用切笔概括人物，如图 4.114 所示。

▲ 图 4.114

首先，我们用切笔法绘制几块石头，注意看画面中用笔的方向，如图 4.115 所示。

然后，我们试图用切笔法去制造每一块石头的过渡，将前一步整体的形状切分开来，如图 4.116 所示。

▲ 图 4.115

▲ 图 4.116

接下来，我们开始制造更加丰富的画面空间和层次。注意：笔触是先大后小、前小后大。这里的前后指的就是空间的远近，如图 4.117 所示。

最后在半小时内我们就完成了这样一个切笔法的造型训练。这样的训练一开始是不可能做得很好的。但是只要坚持练习一段时间，一般来讲都能掌握，如图 4.118 所示。

▲ 图 4.117

▲ 图 4.118

第五章
光影的奇妙世界

关于 CG 插画的光影运用

　　绘画不能没有光影，而光影虚无缥缈，不知其真身为何，大多学习者在光影这个难关面前失去了方寸。本章将带你把握光影绘画的正确姿势，让你一次性彻底解决光影问题。

第一节　什么是正确的光影观

光影常常是困惑 CG 学习者的一个难题。其实很多老师也在各自的课程体系里对光影有不同程度的提及，但是，很多人都犯了基本的认知错误，把美术中的光影与物理学上的光影混为一谈。本章就来帮大家纠正错误，以正确的态度来认识光影。

正因为有光，世界上才产生了五光十色的光影，如图 5.1 所示。

不只真实世界需要光，绘画世界也需要光。否则在一个漆黑的房间里，再好的画作也毫无意义。强烈的光线感是使画面效果出色的关键。既然说起光线，就不得不说光作用在事物上的两种情况：对单个物体来说，光突出了事物的体积感；对多个物体来说，光就表现出了物体的空间感。聪明的画家针对体积感发明了"三大面"与"五大调"的表现手法；而针对空间感的表现，画家们则发明了各种打光技巧，如图 5.2 所示。

对于光线在表现视觉效果方面的作用，我们可以从整体和局部两个不同的方面加以理解。对于单个的物体来讲，光线可以强化其体积感；而对于整体的画面效果而言，光线可以起到"强化氛围""集中视觉效果""增强空间感"这三个作用。换句话说，如果你要想达到以上任何一种效果，就需要研究光线怎么运用，如图 5.3 所示。

强化体积感的效果如图 5.4 所示。

▲ 图 5.1

绘画关键词与光的关系

单个物体　　体积感　三大面、五大调

光

多个物体　　空间感　打光的技巧

▲ 图 5.2

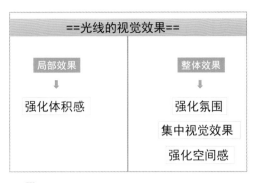

==光线的视觉效果==

局部效果	整体效果
↓	↓
强化体积感	强化氛围
	集中视觉效果
	强化空间感

▲ 图 5.3

▲ 图 5.4

绘画中关于体积感的问题其实是光线在具体事物上反映的结果。强化空间感的效果如图 5.5 所示。强化氛围集中视觉效果如图 5.6 所示。

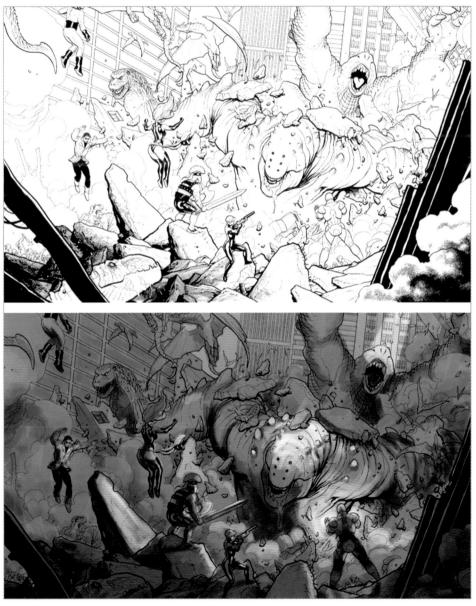

▲ 图 5.5

▲ 图 5.6

对于一幅作品来说，其实是好几种光作用的结果，并不是在单一的光源。

如图 5.7 所示为我绘制的三国时期的华佗的形象，神秘的光线给华佗的道骨仙风添色不少。

▲ 图 5.7

现在，大家对光现象在绘画中的作用已有所了解，但是对如何正确地在绘画中认识这种现象，还需要专门学习。接下来我们就来解读一下画画的时候到底应该怎么看待光线。下面以我的一张旧作《知识与智慧》为例进行讲解，如图 5.8 所示。

▲ 图 5.8

面对画面中安静的森林、柔和的光线，在"心理"层面，我们或许会想到以下两个问题：

● 如何画成这样的效果。

● 作者是"怎么打光"的。

但是，其实从"物理"的角度来讲，你所能感知到的光线的真实来源无非是显示器和周围的反光。这就势必会产生出一组矛盾：到底我们感觉到的光是物理的光还是心理的光？

其实，物理世界中的光与绘画世界中的光不是一回事。物理世界的光是宏观光学与微观光量子物理现象，它的本质是一连串的数学符号和物理效应。

而绘画中的光是人类感受到的一种心理现象，只在乎好看不好看。而"好看"的实际解释在于：符合某种常见的景象但又有所夸张。比如图中的女孩坐在森林里，似乎和我们在真实世界里看到的景象有所类似，但是似乎又不太一样，具有一种舞台剧般的戏剧性和夸张成分。

所谓的艺术感无外乎"源于生活，高于生活"。图中的女孩虽然很漂亮，但是经过艺术加工以后就会获得美若天仙的效果，这在现实中是很难办到的，如图 5.9 所示。

▲ 图 5.9

所以，我总结出了人们对于绘画中光线的误解至少有三个：

● 误解一：绘画中的光源现象是客观的，有对错之分。

● 误解二：掌握所谓的"打光的规律"，我们就能任意给画面布置动人的光感。

● 误解三：我怎么也画不出光感，请问有没有光感的画法？

一般来说，阴影是光打在物体上形成的。有受光面就有背光面，因为物体本身不透光，而漫反射理论上是没阴影的，各个方向的光打来，两个物体靠得太近，越来越近的时候，它们总会有两个点最靠近，这两个接近的部分变得有点幽暗，直到完全接触到一块的时候，产生了点阴影，两个物体之间越来越闭塞接近——闭塞阴影，所以平光里面没有受光面、暗面，只有固有色区间＋闭塞阴影（物体和物体直接会接触到的地方，加深一点）多少还是有体积感的话，行，那你当天光来看，当它是很弱的顶光来看，自然光－天光－垂直顶光的戏剧环境……

——摘自某色彩教学

请问你能否看懂以上文字？反正我是看不懂的。然而这样的东西却广泛地出现在各大色彩教学书籍中。难怪大量的初学者无法快速掌握色彩。其中一个原因或许就在于此，把色彩当成了客观的物理现象，把色彩感受变成了机械的物理色光分析。正是因为"客观"二字，学习者就不自觉地纠结"对错"，总以为有所谓绝对正确的打光方法存在。其实在绘画世界里根本就没有对的光与错的光，只有好看不好看的光。

所以你为什么还在纠结所谓正确的光与错误的光呢？

下面以我的一张名为《灯笼》的作品为例（如图 5.10 所示），经验丰富的初学者会产生两种截然不同的思考模式，如图 5.11 所示。

▲ 图 5.10

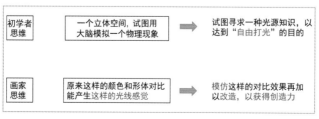

▲ 图 5.11

所以你可以看到同样一个画面可以有截然不同的两种光影表现，然而它们都是合理的。如果有人觉得其中某一张的光影是对的，某一张的光影是错的，那么我们只能认为这个人是不懂色彩的。可惜的是这个图示还被人用作正确与错误的对比，如图 5.12 所示。

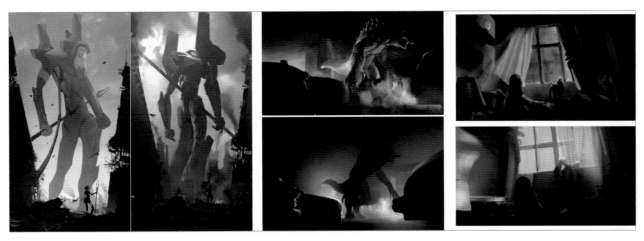

▲ 图 5.12

我常常问学生一个问题："绘画的本质到底是什么？是平面的？还是立体的？"如果熟悉我所讲的绘画中的左右脑思维，大家就能理解了——绘画的本质是平面的，因为你的手根本伸不进去。至于为何画面都有立体感，那是"特定的平面色块和线条组合"而产生的心理感受，如图 5.13 所示。

3D 立体画就是极端典型的例子。没有人会相信画面中的老虎是真的，但是你却会不自觉地当真，如图 5.14 所示。

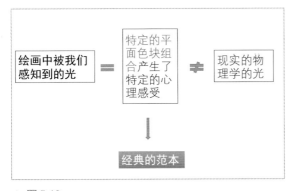

▲ 图 5.13

▲ 图 5.14

而所谓"特定的平面色块和线条组合"，其实就是在人的视觉心理里约定俗成的东西，要想获得这种约定俗成的规律，你就必须从经典的范本中学习。这也是懂绘画教育的老师都特别重视范本的原因。

有这样一个笑话：有个学习外语的学生总想搞明白为何英文中的你好是 Hello，于是他查遍了各种资料，终于理解了 Hello 的词来自古代埃及的神荷鲁斯 Horus。荷鲁斯象征光明，而一般人们说你好都是白天，所以几千年下来，Hello 就变成了你好。于是这个学生很兴奋，他终于学到了！其实我想问的是，这个学生到底学的是语言考古还是真的外语呢？有查词源的那个时间不如多学几个单词。Hello 就是你好，约定俗成而已，估计大部分说英语的人都不知道 Hello 与荷鲁斯的联系。不信？你作为中国人你知道"对不起"怎么来的吗？可以自己查查看。

所以，如果你只是记住了几个概念，如"逆光""顶光"之类的，对于你的绘画是毫无帮助的。因为一个抽象的概念可以变化出无穷的具象。图 5.15 所示的 4 张作品都是逆光，请问规律到底是什么？这样的例子我还可以给出几百个。

▲ 图 5.15

我再以 CG 行业大师白鹿老师的一张《打火把的女性》作品为例来讲解。该作品看似存在一个光的现象，然而我只是改变了暗部和光线的面积对比就产生了截然不同的火光现象。其实你不要问我是什么原理。我的理解是：明暗交界线在哪里，重点就在哪里！绘画中的打光是主观设置明暗交界线的过程，而非客观的自然现象，如图 5.16 所示。

● 光线不是"画"出来的，而是靠色彩与黑白对比所产生的一种虚假的感受。
● 光感是由很多要素构成的，其中包括：体积塑造、阴影布局、颜色对比、质感表达等。
● 学习打光，要从学习体积感、阴影及色彩的描绘入手。

那么色光知识（比如光源分析之类的）到底有没有用？

答案是：对右脑型学习者无用，对左脑型学习者有用，在心理认同感与安全感上有用。否则这些左脑型学习者不敢跨出绘画的第一步。

那么那些知识性的色彩理论我们还要不要学呢？我们以一个常见的理论——色光三要素为例进行分析。此理论认为：

首先分析明暗产生的原因，物体表面产生明暗区别主要是三方面的因素。

第一因素：光。光使物体的表面形成了明暗。

第二因素：物体的形体、结构所形成的表面高低起伏和构成物体体积各个面的方向不同（有被光线照射的和不被光线照射的），以及与光源的距离远近、方向、角度等。物体自身的原因还包括固有色。固有色即任何物体本身就有的颜色，在同样受光的条件下，由于固有色不同，吸收光和反射光的作用不一样，使眼睛在感觉时有亮有暗。除了固有色，还有物体表面质地肌理的不同，它也是一个对明暗产生影响的因素。

第三因素：被描绘物体周围的环境对物象的明暗也有影响。

▲ 图 5.16

此理论作为完全没有学习过色彩的学生看看即可，了解固有色、反光等概念即可。这些内容作为日后教学或者同行沟通时的专业用语是很有必要的。否则，别人说固有色时你一脸茫然。但是切莫以为这些概念能够帮你画好色彩，它们仅仅是告诉你有这一回事而已。所以总结起来就是：误区在于画家试图用大脑去模拟真实的光学现象，而对的方法是画家只是把一个物体的"表现要素"画出来而已，而这些要素就是你的眼睛看到的。但绘画不是物理学分析，而是一种现象学①。

整体罩染法为何有效？

当你彻底理解以上色彩运用法则以后，就不难理解我在新概念色彩课上的整体罩染法为何有效了。比如：我们为图 5.17 所示的线稿上色，当然可以采用很传统的办法一点一点来弄。但是我们同样可以直接将完整的色调覆盖上去，如图 5.18（色彩样本）和 5.19（罩染）所示。

①不管其构成的原理，只研究现象与现象之间的关系。因为有些事物太过复杂，且不在当前研究能力所涉及的范围，所以人们只好从现象到现象。比如中医就是典型的现象学，鉴于当时人们对于遗传、细菌、细胞等知识的未知，所以只能"神农尝百草"，即从一个现象到另外一个现象。

▲ 图 5.17

▲ 图 5.18

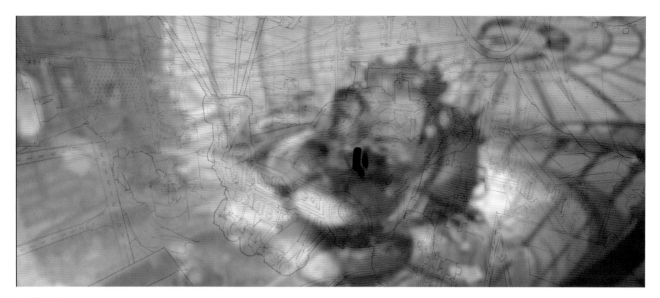

▲ 图 5.19

　　最后经过简单的修饰以后，我们就得到了一张全新的带有强烈光感的作品，如图 5.20 所示，整个过程也只用了 1 小时左右。

▲ 图 5.20

　　同样的思路也可以用于人物的上色，不到两小时就能完成一张风格非常成熟的作品，如图 5.21 所示。

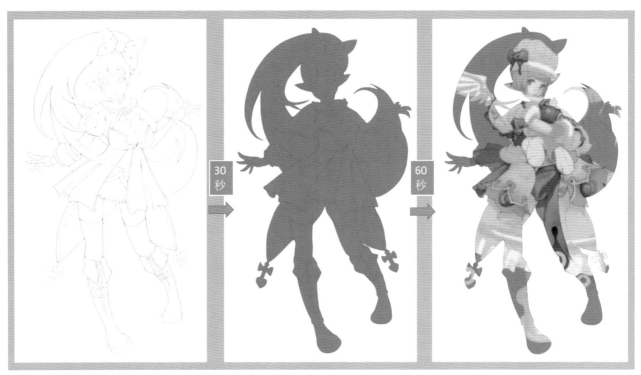

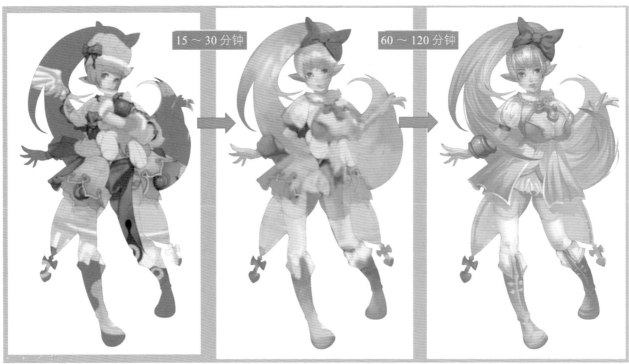

▲ 图 5.21

第二节　CG 制造光线的办法

面对光线丰富的画面，我们总是不知所措。那么多丰富的画面和细节如何在光影中变得协调一致呢？答案还是我们对 CG 的光影认识应该是"非线性"的，而不是"线性"的。而"非线性"的 CG 光线是有很多制作窍门的。

传统的手绘，由于过程不可逆，所以必须严谨地进行每个步骤。如果觉得某个步骤不合适，需要返回去再加工就不太可能了。所以传统的手绘非常强调步骤的严谨性，这就是线性的绘画流程，如图 5.22 所示。

可是 CG 绘画则完全不同，你在任何步骤都可以返回到前面的任意一个步骤进行加工，这就是非线性的制作流程。

正是因为手绘与 CG 绘画的性质不同，一个是"线性"的，流程不可逆，一个是"非线性"的，流程可逆，所以导致了认识上的不同。

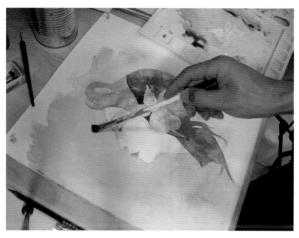

▲ 图 5.22

CG 中的光线塑造必须具有"分步"的思维。

在手绘过程中，形体与色光必须一次性画出。而 CG 绘画则需要分为"体积塑造"与"光源强化"两个步骤，如图 5.23 所示。

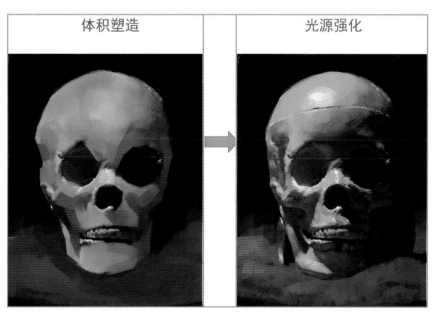

体积塑造　　　　　　光源强化

▲ 图 5.23

基于以上逻辑，我们知道，在 CG 作品中，光线不是"画"出来的，是用软件"做"出来的，如图 5.24 所示。

建立体积感　　　　　　　　制造阴影　　　　　　　涂抹阴影产生光感

▲ 图 5.24

在如下过程中我们也可以看到更加具体的"打光"步骤。CG 作品中的光线，无非就是一层薄薄的暗色，如图 5.25 所示。

线稿　　　　　铺色块　　　　　体积感（分色）　　　阴影/高亮/投影/反光/补色

▲ 图 5.25

如图 5.26 所示的学生的作业，想要强烈的光线，但是无论把颜色画得多亮，画面还是缺乏光线的感觉。这时，我们不妨加点暗色，经过对比，画面的光线感就跃然纸上。这就是"要做光先做影"的道理，如图 5.27 所示。

那么，如何通过训练来学会打光？

确立优秀的范本是打光训练的前提，如图 5.28 所示。

在 CG 教学高度成熟和发达的今天，要在网络上找到打光教程可谓易如反掌。但是，只有优秀的范本才能给你提供正确的打光指南。

下面通过为人像打出不同的光效，训练如何在人物面部肖像上制造光线感，把握光源的 5 种基本类型：正面光、顶光、底光、背光、侧面光。

这几种基本类型还可以演变成柔光、强光、逆光、反光、底光、光斑这 6 种类型。也就是说，如果你能够照着范本打出如图 5.29 所示的 6 种类型的光，那么你的光线技巧基本就没什么问题了。

▲ 图 5.26

▲ 图 5.27

▲ 图 5.28

| 素模 | 柔光 | 强光 | 逆光 | 反光 | 底光 | 光斑 |

▲ 图5.29　　　　　　　　　提示：因为光线是无穷多的，所以学习者只需体验最经典的那些部分即可。

那么接下来我们就说说这些光线是怎么实现的。

1. 加深的技巧

要做光，先做影，首先将目标范本复制一层，然后用快捷键 Ctrl+M 将复制图层调暗，然后用橡皮擦除人物面部颧骨附近的图层，之后底下那层就显示出来，于是出现了如图 5.30 所示的光线现象。

基于以上逻辑，我们要想快速地给一个线稿制造一个集中的光线，可以把光线现象想象成一个球体的受光现象，然后把这层光现象直接叠加在线稿上，之后稍微整理下就可以得到一张充满光线感的作品，如图 5.31 所示。

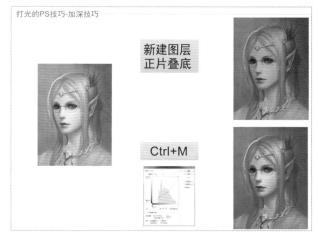

▲ 图5.30

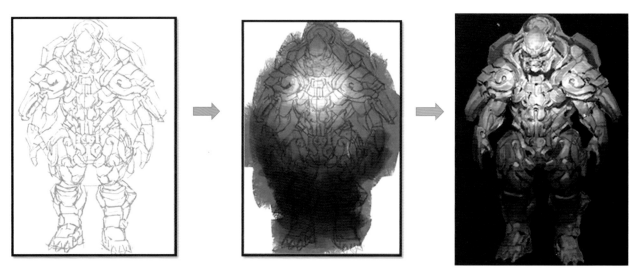

▲ 图5.31

同样的办法被广泛用于各种设定的光影表现上。比如如图 5.32 所示的武士看上去有点平淡，没有强烈的光线对比，于是采用上述手法对其进行打光。

▲ 图5.32

2. 提亮的技巧

除了加深技巧外，在 Photoshop 中实现光线还可以用提亮的技巧。原理如下：首先在画面上叠加一层淡淡的深色。图层的"混合模式"仍然是"正片叠底"。这时制造光线就有两个选择：

● 直接擦除上面的正片叠底图层，得到图 5.33 所示上半部的效果。当然，擦除的形状不同，得到的光线效果也就差异巨大。

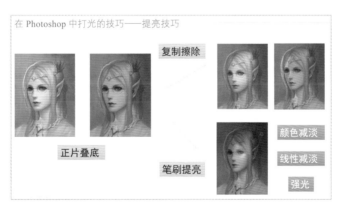

▲ 图5.33

● 可以采用"颜色减淡""线性减淡""强光"三种笔刷属性中的任意一种用画笔直接绘制光现象。

这三种笔刷属性的区别如下：

● 如果要获得明亮的高光就用"颜色减淡"。

● 如果要让暗部变得有色彩，给暗部加反光，使暗部变红，那么就需要使用"线性减淡"。

● 如果要让画面整体变亮，但是又不丢失细节，那么"强光"模式就是最好的选择，如图 5.34 所示。

▲ 图 5.34

如图 5.35 所示画面中小面积的反光用了"颜色减淡"笔刷，而大面积反光用了"强光"。

▲ 图 5.35

但是在观察很多大师的作品时，我们往往会发现光线的现状是非常锐利而肯定的。这种光线的形状不是用笔刷直接画出来的，而是使用"套索工具"制作出来的，如图 5.36 和图 5.37 所示。

▲ 图 5.36

在 Photoshop 中打光的技巧——套索工具的运用

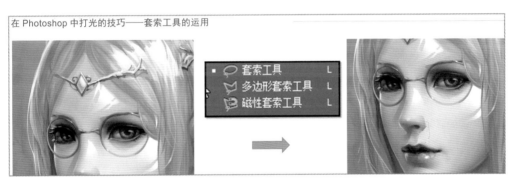

套索工具   L
多边形套索工具   L
磁性套索工具   L

▲ 图 5.37

　　当然，还是和前面的步骤一样，要先在画面上罩一层淡淡的深色。之后就用 Photoshop 自带的"套索工具"在画面中选取一个选区。至于选区的形状最好参考范本进行，因为光线会随着人的面部结构有所变化，但是这种变化并不是精确对应的，而是画出有变化的三角形，如图 5.38 所示。

▲ 图 5.38

之后我们就可以选择"原画超级喷枪"笔刷对画面进行绘制，笔刷的模式是"颜色减淡"。这里需要特别注意的是，喷笔不要喷成均匀的形状，而是要保持一头清楚，另外一边慢慢模糊渐变下去，如图5.39所示。

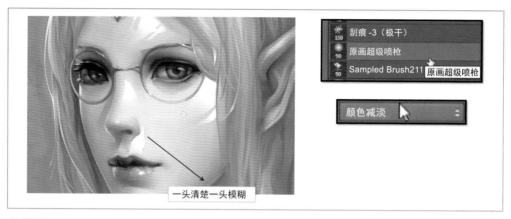

▲ 图5.39

当然，并非所有的光斑与投影都需要使用"套索工具"，很多画家也采用直接画的形式。但不管哪一种，都需要有光线范本。

即使告诉你这些操作，你也不一定做得好，因为所有的操作都需要注意"细节与分寸"。

关于光线的两个重要补充

（1）光线感的产生不仅需要黑白对比，更需要冷暖对比。

如果我们将画面中的女性头像转变为黑白效果来观察，就会发现似乎对光线的感受被大大削弱了。原因就在于原始画面中光线的对比主要靠的是颜色的冷暖而非黑白，如图5.40所示。

▲ 图5.40

（2）关于修改光线与明暗交界线的设置问题。

要设置光线就要设置"明暗交界线"。比如图 5.41
所示的人物在手臂和面部都有亮部与暗部的分界线，这
种分界线就是明暗交界线。

设置这种界限是有技巧的：

● 光线的范围为 1/3 或者 2/3 分布。

● 在明暗交界线的部位做丰富的变化。

下面举例说明。

如图 5.42 所示，如果要想为人物加上光影，你可以
在任意部位的 1/3 或者 2/3 处设置明暗交界线。之后的
细节变化紧紧围绕这个范围进行。

▲ 图 5.41

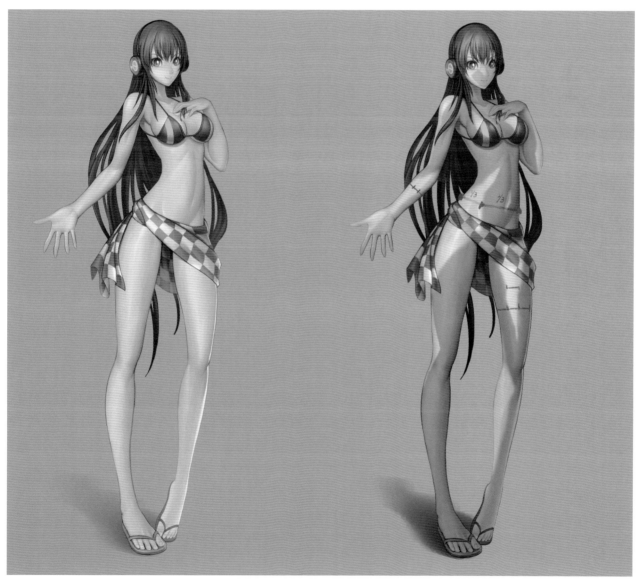

▲ 图 5.42

第三节 光线与体积

在绘画中关于体积感的塑造总是一个非常麻烦的问题。老师常常给学生的作业评价"体积感不足"。何为"体积感"？如果我告诉你体积感其实是一种光的表现，你是不是觉得有点新鲜呢？

在绘画中有两种截然不同的光，如图 5.43 所示，一个线框是毫无意义的平面图形，这个时候我们给它打上一个名叫 A 的光影，那么线条就变得有了体积感。

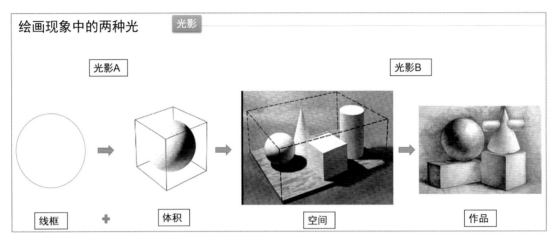

▲ 图 5.43

同样，如果我们将类似的形状罗列到一起，再给它们所占据的空间打上一个名叫 B 的光影，我们就得到了绘画的作品。

如图 5.44 所示说明了绘画中的光影要按照两种截然不同的作用去理解。一种是为了塑造体积感，一种就是为了强化氛围。但是无论是 A 还是 B，这两种光影都不是物理世界里真实的光，而是一种人为的表达画面平面的对比手法而已。

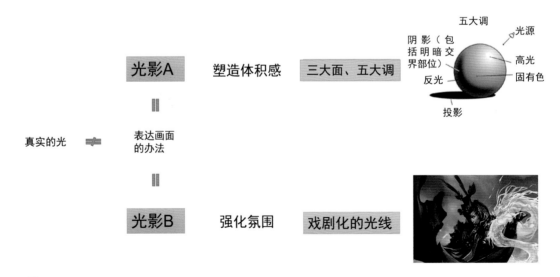

▲ 图 5.44

根据光影作用的不同，产生了"三大面"与"五大调"，A光影主要是作用在一个个具体的物体上；而B光影则通过对不同物体的相互作用而产生，实现了我们常说的"晕光""聚光灯""逆光"等夸张的画面效果，如图5.45所示。

在如图5.46所示的绘画过程中，从线稿到第三步我们都可以认为是塑造体积感的过程。这个过程用到了各种阴影色块及光线的对比，被认为是A光源的功劳。在最后一步——整体强化氛围，被认为是B光源的功劳。

==常见的光线表达类型==		
光影A	光影B	
局部效果	整体效果	
反光　三大面	晕光	底光
高光　五大调	聚光灯	逆光
		天光

▲ 图5.45

颜色范围　　　　　　色块区域　　　　　　塑造体积感　　　　　　强化氛围

▲ 图5.46

提示：由于本节是讲体积感塑造的，所以不涉及B光源，我们只谈A光源。

那么A光源到底有多少种呢？如果按照物理世界的理解有无穷种，但是如果定义为无穷，那么画家就没有办法学习和掌握了。于是画家们就约定俗成单独形成了一种表现体积的光线语言，称为"三大面"与"五大调"，如图5.47和图5.48所示。

三大面

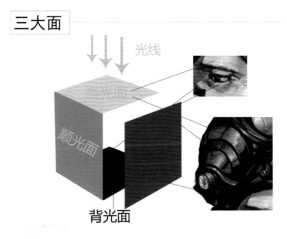

▲ 图5.47

五大调

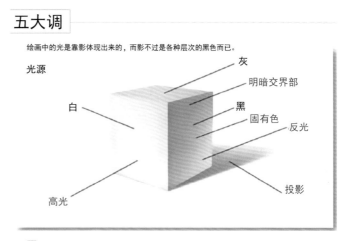

▲ 图5.48

这里值得注意的是：从表面的思维来看，"三大面"与"五大调"是光线照在物体上产生的物理结果。但是绘画的本质思维认为：如果我不画出从亮到暗的若干个依次过渡颜色的层次，就无法表达出光线照在物体上的感觉。

因为绘画中的光本身并不存在，绘画中的光是靠影体现出来的。而影不过是各种层次的黑色而已。所以，只要一个画家记住了那些类似语法一般的影子类型，就能任意制造出光线。

如图 5.49 所示，你可以认为是一种虚拟的光照在人物身上产生了类似的"受光""背光"现象，同样可以认为是画家刻意画出了"类似"对比色块产生了真实的光源感觉。

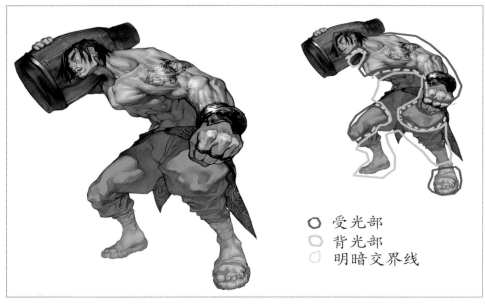

受光部
背光部
明暗交界线

▲ 图 5.49

绘画造型的光影不是事物本身，它仅仅是便于我们表现事物的概括性手段而已。

● 三大面：当光面（白）、顺光面（灰），背光面（黑）。
● 五大调：高光、固有色、明暗交界线、反光、投影。

所以这里就产生了一个技能点（如图 5.50 所示）。假如你是一个画家，若想把一个平面的环状物塑造得有立体感，你会怎么做呢？只要你尽量把一个物体的"三大面""五大调"都表达齐全了，那么这个物体"看上去"就显得真实了。所以但凡是有经验的画家，只要有了绘画对象，一定会先把"三大面""五大调"准备齐全了。

"三大面"与"五大调"的关系是什么？

● "三大面"是塑造型体的最简单的办法。
● "五大调"是塑造型体的最复杂的办法。

一切真实的绘画所采用的办法，一定都在这两者之间。比如，不同的风格在某种程度上就是"三大面"与"五大调"表现不同所致。并不是每个作品都需要"三大面"与"五大调"齐全，至少图 5.51 所示的两作品中能看到左边的图里并不是"五大调"

技能点：如何塑造体积感

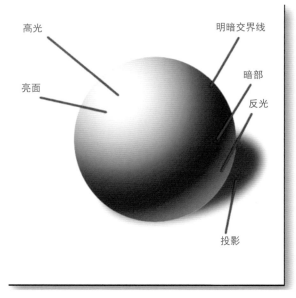

高光
亮面
明暗交界线
暗部
反光
投影

▲ 图 5.50

的所有要素都表现出来了；而右边的图则在每个形体的表达上要立体得多，但是两者仅仅是风格的选择不同而已。

▲ 图 5.51

绘画造型为何需要"三大面""五大调"？为何不是"四大面""六大调"呢？

其实在漫长的历史长河中，肯定出现过很多不同的绘画光源总结。但是因为各种原因，比如过于复杂难以传承，所以，画家们公认"三大面"与"五大调"作为绘画教育传承的统一语言。有了规范统一的绘画表达语言，形体的"体积塑造"步骤都可以理解为逐步添加"三大面""五大调"的过程。这样做至少有以下两点好处：

● 为了节约时间，提高造型效率。

● 统一绘画造型语言，便于交流与传承。

如图 5.52 所示为添加"三大面""五大调"的作品。

▲ 图 5.52

训练物体体积感的造型意识有核心法则：口中念念不忘"三大面""五大调"还有哪些没有画。

下面提供一些训练。

训练一：给线稿设置光源，如图 5.53、图 5.54、图 5.55、图 5.56、图 5.57、图 5.58 和图 5.59 所示。

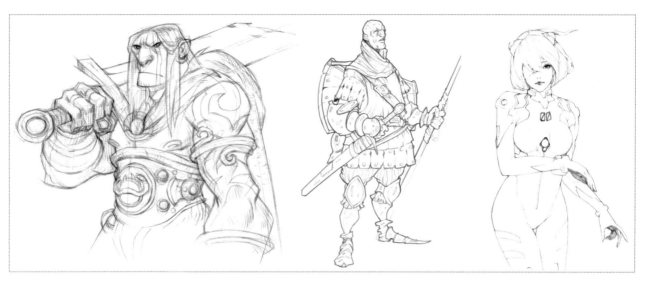

▲ 图 5.53

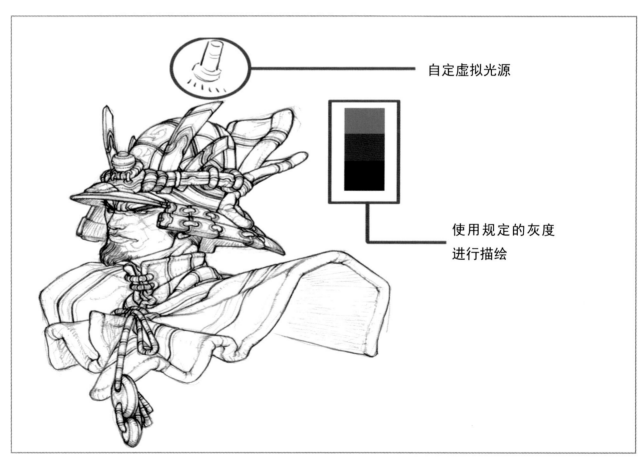

自定虚拟光源

使用规定的灰度
进行描绘

▲ 图 5.54

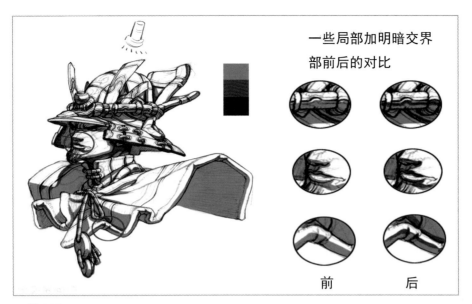

一些局部加明暗交界
部前后的对比

前　　　　后

▲ 图 5.55

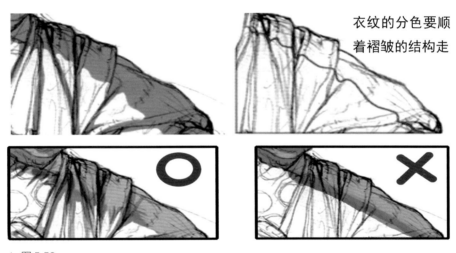

衣纹的分色要顺
着褶皱的结构走

▲ 图 5.56

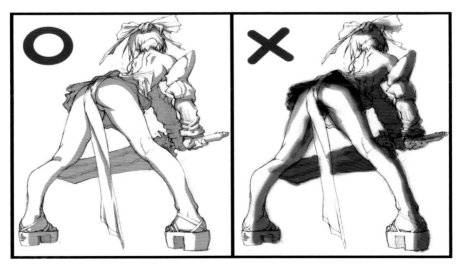

▲ 图 5.57

▲ 图 5.58

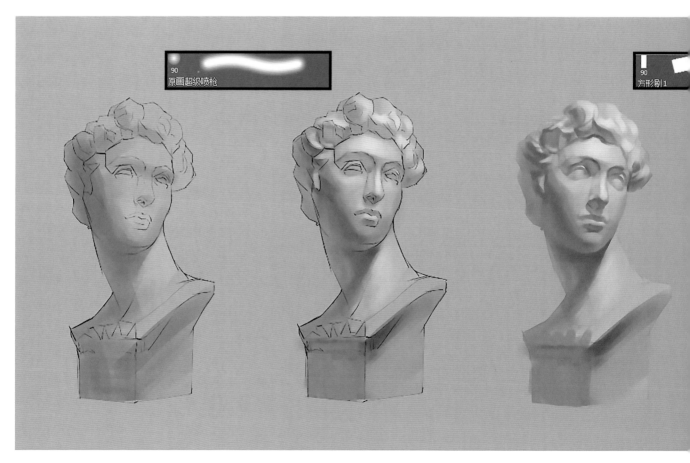

轮廓与范围　　　　　　　三大面　　　　　　　柔和三大面

▲ 图 5.60

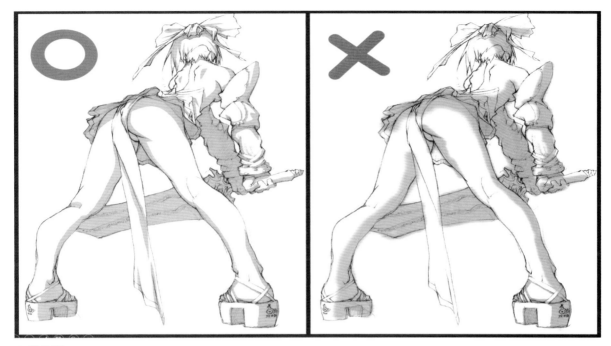

▲ 图 5.59

训练二：试着为石膏像的线稿增加体积感，如图5.60所示。

强化五大调　　　　刻画、强化对比、优化光影

第四节 光线与空间

前面我们谈到了光线与体积的关系，本节就开始 B 光源的讲解，即光线与空间的关系。掌握了本节内容，你就能很容易地获得构建带背景的画面的神奇能力。

在绘画中，光线的本质是平面的，但是也可以从立体的角度来加深理解。在绘画中，光线不是一种而是多种光线的结合，熟悉 3D 建模的朋友就很容易理解多光源形成画面的概念。

● 同一张作品都是多光源作用的结果。
● 光源分为主次两种不同的表达性质，如图 5.61 所示。

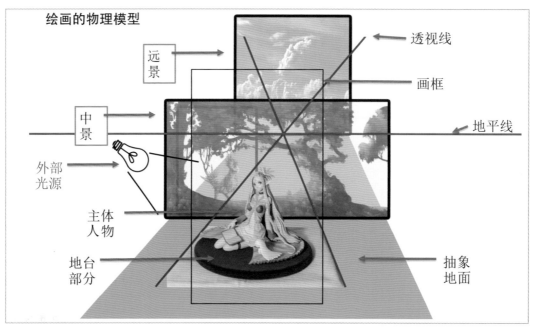

▲ 图 5.61

如何训练在空间中打光呢？首先，试着画出旋转的光源，如图 5.62 所示。

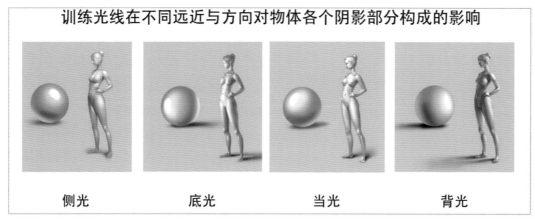

▲ 图 5.62

我们可以找一些简单的 3D 模型，按照如图 5.63 所示的方式画成黑白稿。

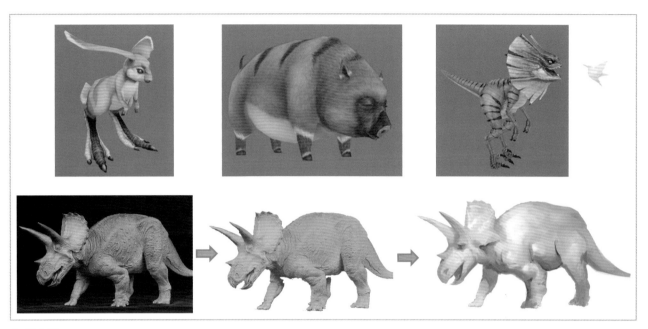

▲ 图 5.63

然后参考如下范本，进行临摹，一张一张地对照范本临摹光源的表现，如图 5.64 所示。

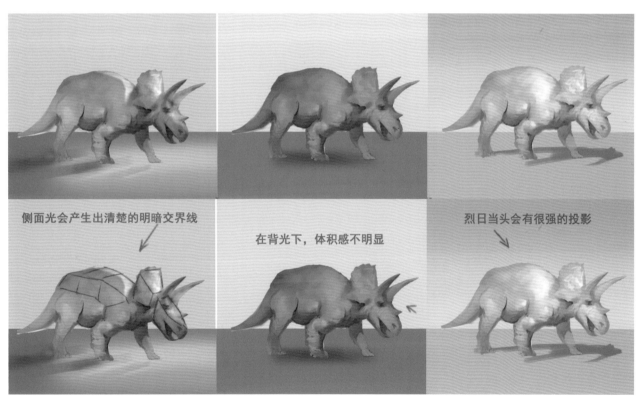

侧面光会产生出清楚的明暗交界线

在背光下，体积感不明显

烈日当头会有很强的投影

▲ 图 5.64

这个训练需要注意的是一定要将物体的刻画与投影分层。这样我们就可以对物体的固有色和投影分别进行调色。这样做的好处是可以培养更加精细化的光线感受，如图 5.65 所示。

放置物体 投影

▲ 图 5.65

比如：当物体身上的暗部颜色超过投影的程度后，会立马呈现违和感，如图 5.66 所示。

▲ 图 5.66

当然，以上只是一个粗略体验光源在空间中变化的小练习。如果你想要更加深入地掌握光影对空间感的影响，需要完成如下专项训练，为现成的线稿打上不同的光影，如图 5.67 所示。

线稿 光影表现一 光影表现二

▲ 图 5.67

在训练之前我们需要看一下几个案例教程。

案例一：《打牌》

如果要为一张线稿布置光影，我们应该依据什么样的逻辑呢？下面我们以《打牌》为案例（备注：该线稿非我所做，来自学生提供），如图 5.68 所示。

▲ 图 5.68

绘画的第一要义就是空间感与立体感（体积感），空间感是对多个物体而言的，而立体感是对单个物体而言的。

首先，划分空间。按照近、中、远对画面中的物体进行归类。这样物体上就出现了第一种光线，即表达固有色的"全局柔光"，如图 5.69 所示。

接着塑造体积感，让每个物体具备起码的"三大面"或者"五大调"。这一步的要点是将前面的物体或者主要的物体刻画得饱满一些，而将远处的物体或者次要的物体刻画得简单一些。甚至有些次要的部分连笔触都可以不要，如图 5.70 所示。

▲ 图 5.69

▲ 图 5.70

最后，给画面加上发光体。那么发光体一共有几种呢？第一种就是"自发光体"。画面中的游戏机或者吧台的灯光等都属于这一类，如图 5.71 所示。当然认定什么东西是自发光体完全是主观的，我们可以认定别的物体是玻璃做的、背后有光透过等。

▲ 图 5.71

接下来就是"不规则外发光体"。这一概念有些抽象，其实我们完全可以想象画面外有一个天窗，天窗透出了外面明亮的阳光，而这种光线完全是主观的。我们想怎么设置都可以，但是必须用于表现主体物的轮廓，否则后面那点微弱的自发光体是无法承担主光源的作用的，如图 5.72 所示。

▲ 图 5.72

之所以把前面的光叫作"不规则外发光体"，是相对于"规则外发光体"而言的。什么是规则外发光呢？假定还是那个画面外的天窗，这个时候恰好阳光透出来的是窗户的形状，这种光线的作用主要用于强化主体物的细节，如图 5.73 所示。

▲ 图 5.73

最后，在画面的上下各拉一层渐变色，使画面的中心更加集中，这种光叫作"气氛集中光"，如图 5.74 所示。

下面对这个打光作业的逻辑思维做一个总结。

（1）要划分好景别，也就是远近。

（2）划分好光源的类型，也就是发光体的类别。

（3）刻画的时候要紧紧围绕着主体物。

（4）主体光线要有"形状"，要能交代出主体物的形状。

案例二：《客人》

在这个案例里，我们从光线的主次这个角度来做说明。首先，我们来看几张有问题的作业。

图 5.75 是一张明显有问题的作业，主要是光线不够强烈，没有对比。而图 5.76 所示的作业则是另外一个极端，即光线太强。其实类似的错误还有不少，主要的问题就是在于光源的主次没有区别。

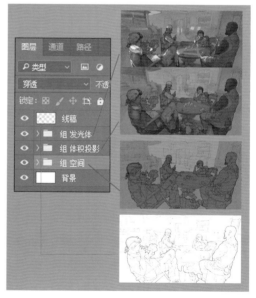

▲ 图 5.74

▲ 图 5.75

▲ 图 5.76

　　首先，对画面进行归纳。注意：如图 5.77 所示画的是室内，所以没有太远的远景。

▲ 图 5.77

接下来需要看看画面中自发光体的种类：小妖怪、门缝、台灯等，如图 5.78 所示。

▲ 图 5.78

下面我们分析光有多少种可能性？

主体光：台灯。

次要光：门缝（如图 5.79 所示）。

▲ 图 5.79

主体光：妖怪。

次要光：门缝（如图 5.80 所示）。

▲ 图 5.80

主体光：天窗。

第一次要光：门缝。

第二次要光：台灯（如图 5.81 所示）。

▲ 图 5.81

最后，对打光进行总结：

● 光线必须要有主次和强弱，切忌平均。

● 主体光必须与主体物发生不同程度的关系，描绘出主体物的主要形体特征。

● 光线随着形体的起伏发生强弱变化。

第六章
CG 的线条怎么画

关于 CG 插画的线条画法

大多网络 CG 爱好者在刚开始学习的时候，就以酷炫的颜色厚涂代替线稿绘画的训练，这是非常错误的，因为线条是一切造型和细节刻画的起点。

第一节　线条训练的意义

CG 绘画为什么画不好线条？原因有很多，但是归根结底是没有把线条的绘制训练与软件结合到一起。CG 画线不是简单的铅笔画线训练，CG 画线有自己的逻辑。

CG 线条绘画训练的意义和重点

目前有一种观点：认为厚涂已经取代了线条，因此无须线条的训练。

这种说法虽然很普遍，但是必须纠正。因为这种观点至少犯了以下两个方面的错误：

● 错误一：忽略了行业本身需求的多样性。

● 错误二：学习者本身所处的阶段。

如图 6.1 所示为 CG 线条效果图。

▲ 图 6.1

其实，在画线实战中，有很多项目是需要画出精细的线稿的，比如日系风格的绘画，要想跳过这个过程是不现实的。客户在需要我们提交线稿审核的时候可不会听我们说什么不用线稿直接厚涂就可以之类的话。

其次，对于初学者来说，也需要线稿训练打下坚实的美术基础。至于很多大师级的人物可以不画线稿直接上色，主要原因还在于他已经过了线稿训练的阶段，线稿绘画能力早就内化了。所以看不到这背后的工作，并不代表可以不画线稿。

有很多实际的创作都需要在创意阶段提供线稿，如图6.2所示是我为腾讯游戏项目提供的线稿草图。

▲ 图6.2

在图6.3所示的两幅作品中，左边为成熟的高手绘制的作品；而右边则为一个学生的作品。表面看来后者刻画不足，但是其实在有经验的高手看来，从线条造型的角度已经出现了很大的差别。有人说："这个图不是没有画线条而是通过厚涂完成的吗？"这样认为的原因是在于他把线条当成了单纯的黑线，线条训练的结果完全可以以形体之间分界线的节奏来体现。比如：什么地方对比强烈，什么地方对比又较弱，这样就可以产生相得益彰的空间感。

让-奥古斯特·多米尼克·安格尔（Jean Auguste Dominique Ingres，1780—1867），法国画家。在图6.4中，右边是他的代表作《勃罗日里公爵夫人像》，作于1853年，布面油画，106.5cm×88cm，收藏于纽约大都会艺术博物馆。

高手作品

学习者作品

▲ 图 6.3

▲ 图 6.4

看到这样华丽而写实的作品，很多人以为画家可以不画线。但是恰恰相反，安格尔在绘画训练里有一句名言："不要虚度哪怕是整天连一根线条也不画的日子。线条就是素描，这是一切绘画的开始。"

通过图 6.5 所示来看看安格尔大神绘制的线稿，无比精美，一丝不苟。

▲ 图 6.5

线条的类型

为了更好地理解线条与视觉的关系，我们必须首先理解线条到底有多少种类型，如图 6.6 所示。

传统速写

国画线描

绘画线描

▲ 图 6.6

动漫的线条与"传统速写""国画线描"及"绘画线描"都不相同，所以要想学习动漫绘画，这些类型的线条只能参考，切莫照搬。

动漫的线条造型有着独特的审美规范，总结起来动漫线条有三大特点：干净整洁、流畅肯定、套路明确，如图 6.7 所示。

▲ 图 6.7

如果从更加细分的角度来看，线条的类型又可以分为以下 5 种：

- 标准的直线：类似于用直尺画出的非常规则的直线，用于表现人造的物体，比如：刀剑。
- 接近直线的曲线：这样的线条主要用于曲度不大的自然生长物，比如人的手臂。
- 内弧线：用于表现收缩的物体，比如：腰部。
- 外弧线：用于表现膨胀的物体，比如：胸部，如图 6.8 所示。

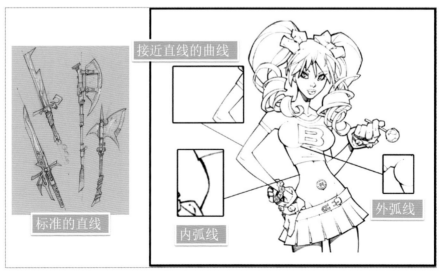

▲ 图 6.8

● 碎线：用于表现结构不分明的事物，比如衣服的纹理、面部的瘢痕等，如图 6.9 所示。

▲ 图 6.9

如果画每一根线条都能明确其类型和它所传达的主观意图，那么我们就能画出具有思想的线条，所画的画面就会变得富有张力。

从线条演变的角度来看，一种画法的风格自产生到成熟，必然经历从圆形到方形的过程。比如图 6.10 所示的圣斗士的造型，从 1993 年的车田正美先生所画人物的风格到现在，画面中直线的比例变多了，画面变得硬朗有张力。

▲ 图 6.10

而大部分漫画作者只要从业 10 年左右，我们就会发现其第一本作品与最后一本的差异巨大。至少在线条风格上也符合以上规律，如图 6.11 所示为著名漫画《烙印战士》第一本中主角造型与最近几本出现的主角造型的差别。

▲ 图 6.11

大部分 CG 初学者画线有两个问题：线条的疏密关系与线条的流畅度。

疏密问题主要是因为脑子对其印象生疏，没有对固定的线条表现搭配有深刻的印象；而流畅度的问题主要是因为手、眼、脑三者的协调没有锻炼出来。但是无论是哪种线条问题，结合优秀的范本进行线条的训练才是真正的快速解决之道，如图 6.12、图 6.13 和图 6.14 所示。

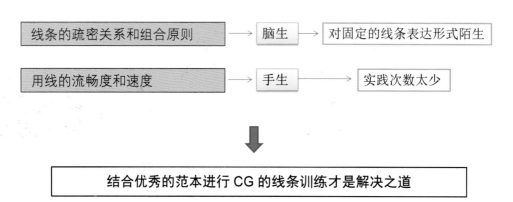

▲ 图 6.12

▲ 图6.13

▲ 图6.14

后面部分我们会选择一些优秀的学生线稿作品请大家欣赏，希望大家能从欣赏中体会到一些对学习有帮助的东西。

（作者：陈惟）

第二节　线条画法要点

　　对于线条的绘制，在忽略掉软件操作的部分后，我们首先必须掌握的是线条组合的基本法则。这些基本法则其实非常简单，但是需要我们实实在在地掌握。每当绘制线稿的时候都想着这些简单的基本法则，久而久之，经过日积月累的训练，就能把这些法则真正地融入到条件反射中，无论怎么画，无论画什么，都能不自觉地体现出这些法则所带来的美妙的画面感受。这也是为什么"近大远小"的透视法则几乎人人都懂，但是真正能在绘画里表现得恰到好处的人却很少。因为单纯的"知识学习"并不能真正提高你的画技。只有形成了条件反射才能改变你的画面效果。

线稿绘制的三大法则

　　动漫造型线条的绘制遵循三大基本法则。这些法则的出现是为了更好地用简洁的线条表现丰富的视觉空间层次。这些法则的具体内容如下：

　　1.　线线相交要加粗

　　空间差别不大的两条线，线线相交要加粗（如图 6.15 所示）。

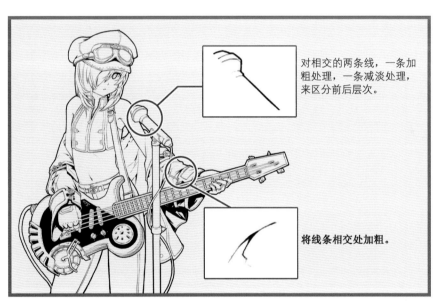

对相交的两条线，一条加粗处理，一条减淡处理，来区分前后层次。

将线条相交处加粗。

▲ 图 6.15

　　2.　边线要比内线粗

　　线条的粗细和空间的远近有紧密的关系，所以边线到背景的距离都大于内部的线条，所以边线肯定要比内线粗（如图 6.16 所示）。

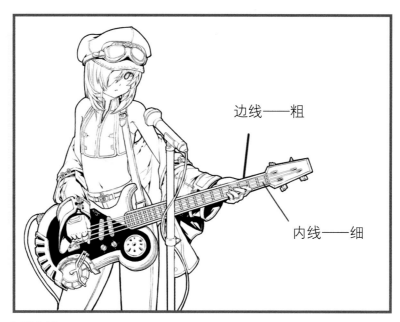

边线——粗

内线——细

▲ 图 6.16

3. 遇强则弱

对于空间差别比较大的两条线，遇强则弱。一根线条减弱，而另外一条线条则加强。判断强弱的依据就是看谁与观者的距离更近，如图 6.17 所示，用不同强弱的线条表现出了立体效果。

▲ 图 6.17

三大线条法则的运用都是为了表现空间的远近。

线条的节奏与疏密关系

在图 6.18 中，左边的是绘画作品，而右边的则被认为是一张底纹。那么绘画与底纹的本质区别在哪里呢？关键在于：有无疏密关系。线条的疏密对比所产生的空间错觉使画面产生了绘画感。底纹即使再复杂也无法产生这种空间感。

▲ 图 6.18

疏密关系在画面中是以节奏的形式排布的，有点类似于音乐的强弱节奏。一疏必定配合一密，要疏密结合。观察图 6.19 能够看到线条的疏密排布是符合以上结论的。

▲ 图 6.19

画面中的疏密发展到极致就是黑白。线条密集到极端就变成了黑色，而疏松到极致就成了什么都没有的白色。而黑白的排布规律也是按照大、中、小的面积比进行的，如果黑白灰的面积雷同了，那么画面就会产生平均化的现象，也就不好看了。黑、白、灰分布如图 6.20 所示。

▲ 图 6.20

观察图 6.21 所示的线稿，无论什么样的风格，都必定符合以上的结论。

▲ 图 6.21

除了粗细的法则以外，还要意识到线条要分为"阴线"和"阳线"。"阴线"不代表人体结构，而"阳线"紧贴人体。一般是一截"阴线"一截"阳线"，类似于音乐的节奏。在如图 6.22 所示的范例里面可以看到两种常见的"阴阳线"的表现错误。

平行线　　　　　　　　　相等线　　　　　　　阳线

阴线

平行线错误　　　　　　相等线错误　　　　　　合格

▲ 图6.22

　　如图6.23所示的画面是学生作品，左边没有遵循准确的线稿法则，效果不好；后来学习了本章所介绍的线稿规则，得到了右边的效果。由此可见这些简单法则的重要性。

▲ 图6.23

（作者：陈惟）

第三节　CG 线条画法要点

如果想使用 Photoshop 勾勒出整洁的线稿，我们必须了解在 Photoshop 里使用什么样的笔刷和相关的设置才能产生出良好的铅笔效果。

CG 线条训练的工具要领主要从以下两方面入手：

● Photoshop 勾线的要领。

● SAI 勾线的要领（如图 6.24 所示）。

SAI 追求更加整洁的线条，主要用于日漫

Photoshop 追求更加接近手绘的线条效果

▲ 图 6.24

Photoshop 的勾线要领

一般勾线我们选用 Photoshop 自带的 19 号笔或者其他比较朴实无华的笔刷，这些笔刷的大小不要超过 4 像素（Pixel），这样无论怎么画都会有铅笔的质感。同时要保证不透明度（Opacity）为 100%，如图 6.25 所示。

如图 6.26 所示，表明软件集成了关于线条的抖动修正，实际上就是自动光滑线条。SAI 在这个方面的功能是做得最成熟的。目前，Photoshop 2018 也集成了同样的功能。

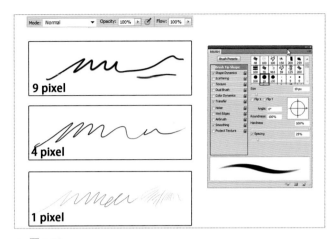

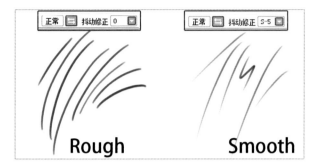

▲ 图 6.25　　　　　　　　　　　　　　　　　▲ 图 6.26

CG 线条画法技巧总结

● 利用惯性：用笔的时候我们的手是有惯性的，巧妙地利用惯性就能画出带漂亮尾巴的线条。

● 多工具结合：并不是一种软件就能够绘制出全部线条效果，需要多软件甚至多功能结合使用。

● 层层退淡：不要大面积地用橡皮去擦除错误的线条，只需要减淡后在上面加新的图层重新描即可。

● 重点加强：对于形体转折等线条密集的区域，要强化前面的线条，弱化后面的线条。

在图 6.27 中，画家把不同的物件画在不同的图层上，这样就非常便于修正。使用软件画线稿与手绘线稿不同，一定要有分图层的概念。

不同的物体不在一个图层上

▲ 图 6.27

所以经典软件的画线流程就是图 6.28 所示的三部曲：首先用一堆乱线画出大形；之后新建图层刻画重点，当然前面的大形就淡了；最后整理好线稿，去掉毛刺等。

软件画线的经典流程

草稿　　　　　　　　　概念稿　　　　　　　　　线稿

▲ 图 6.28

下面通过一个案例来详细地分析整个流程。

CG 线稿通用的绘制过程

任何线稿的绘制，都需要做个简单的底稿。底稿不需要精致，只要勾勒出一个大形即可。线条保持前面的参数设置，用反复的线条加强形体关系，不需要刻意地修改，因为造型的流畅度是非常关键的，如图 6.29 所示。

精美的 CG 线条往往都不是一次画完的。

在软件里，绘制线稿的另一个主要诀窍是：绝对不要修改错误的图层，一旦发现这个阶段需要修改，就新建一个图层，然后把下面那个图层的不透明度调低，这样罩着下面的图层，重新绘制一个新的画面。这样的好处是不但可以节约时间，同时可以增加线条的层次感（因为反复叠加产生了线条的层次感），如图 6.30 所示。

▲ 图 6.29

3pixel

细节层

粗糙层

▲ 图6.30

随着刻画的深入，线条的关系就变得很重要，要大量地运用那些线线相交的法则及空间处理的技巧。

判断法则运用是否得当的关键就是：在小图上能否看清楚角色的四肢（如图6.31所示）。

▲ 图6.31

如果在软件里绘制衣纹，记得使用 S 形线条来表现布纹的变化。只不过，这种 S 形不是固定不变的，而是需要做出各式各样的变化。

如图 6.32 所示，我们可以看到披风的布纹边缘所产生的 S 形的变化和头发的变化是一致的。

▲ 图 6.32

任何一个布状的物体都有正反两面需要表现，特别是当披风飘浮起来的时候，这种表现显得尤其重要。一个描绘得很糟糕的布，往往就是因为没有表现出正反两面的合理关系。

在图 6.33 所示的左图中，我们可以看到表现两面的过程和思路。使用折线来描绘也是绘制衣服纹理的诀窍之一。

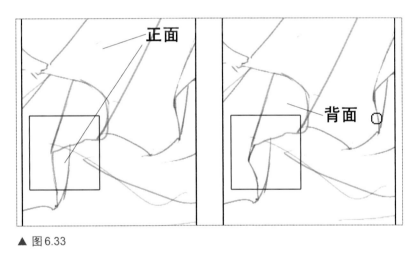

▲ 图 6.33

图 6.34 中 A 区域的线条要和 B 区域的线条结合成一体。

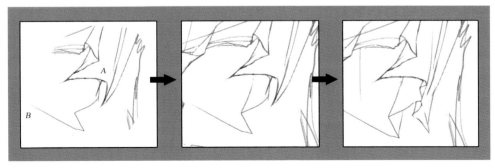

▲ 图 6.34

这就必须通过穿插来实现，穿插的规律就按照前面讲解的进行即可。

首先，包住一个体积的范围，然后寻找受力点，从这个点衍生出若干条线，之后整合出符合 S 形的线条（如图 6.35 所示）。

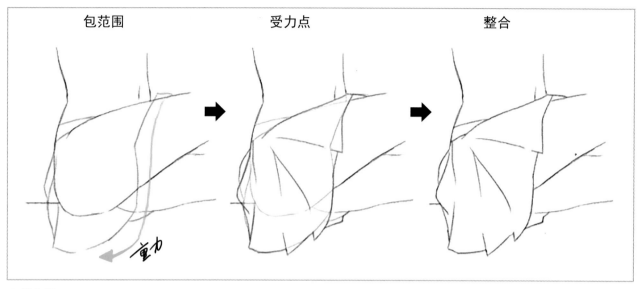

▲ 图 6.35

最后，对比一下经过处理的线稿和没有经过处理的线稿到底有何区别，如图 6.36 所示。

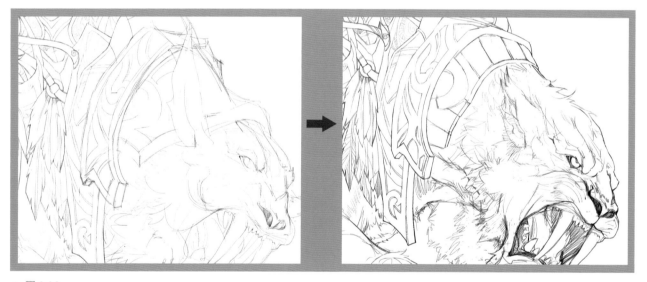

▲ 图 6.36

当使用软件完成线稿的绘制以后，我们的工作还没有彻底结束。接着要做的就是对已有的线稿进行加深处理。这种加深处理需要按住 Ctrl 键单击线稿层，选择整个线稿层，然后按 D 键，把前景色和背景色调整成黑白色，最后使用快捷键 Alt+Delete 进行填充，得到的线稿会比最开始的状态清晰很多（如图 6.37 所示）。

▲ 图 6.37

有了这样清晰的线稿，后面的工作就会变得有条不紊，我们可以看看成稿的精美程度（如图 6.38 所示）。

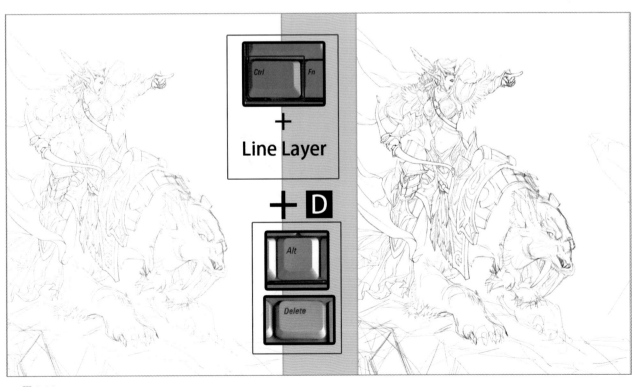

▲ 图 6.38

线稿绘制的小技巧

在网上，我们经常可以看到很多精美的日式插图，其线稿均画得非常好。外行看不透，其实这种画是有方法的（如图6.39所示）。

▲ 图6.39

实际上，早期日式线稿的创作就可以采用把若干张日系图组合到一起，再统一勾线的方法。这种方法的好处是可以直接获得最成熟的风格（如图6.40所示）。

而CG作品中所谓的飘逸的长发也不是用笔一次性画出来的，而是通过用快捷键Ctrl+T调出变形工具修改出来的（如图6.41所示）。

掌握前面的技法后，我们可以尝试完成类似图6.42所示复杂的线稿。

▲ 图6.40

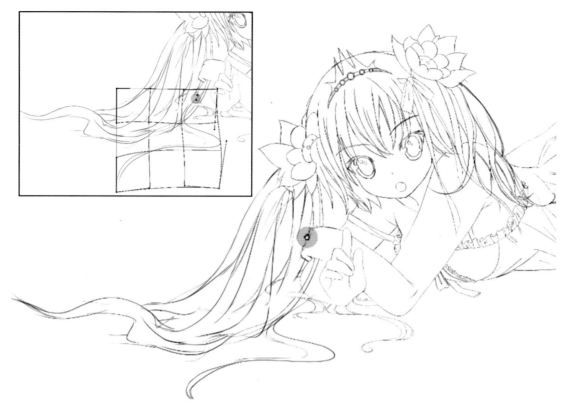

▲ 图 6.41

▲ 图 6.42

第四节　CG 线条四大训练

　　使用软件绘制线稿的训练目的有两个：一是熟悉软件和压感笔的使用；二是练习基本的线条造型的规则和方法（比如前面讲的线条的基本原理）。所以这些常见的线条错误包括画面不整洁、线条的几何关经不起推敲、表现金属的线条需要光滑且具有坚硬感等。如果把一个本该坚硬的物体绘制成橡皮泥的感觉，那么线条的流畅度本身就有问题。

CG 的线条训练与手绘线条训练的区别

- CG 的线条训练不用于图像输入，主要是让人掌握一种规范和技术。
- CG 线条训练需要在有限的训练中达到标准。
- CG 的线条训练要配合手绘的线条速写训练一起做，如图 6.43 所示。

▲ 图 6.43

第一阶段——标准线稿临摹

训练素材：

（1）线稿标准参考：如图 6.44 所示。

▲ 图 6.44

（2）绘画过程参考：如图6.45所示。

▲ 图6.45

训练标准要求：

● 不能蒙着描，只能照着画。

● 做到每个细节都有说法。

优秀学生作业：

完整的作业应该有完整的过程，和前面一节所示的CG线稿的经典画法一致（如图6.46所示）。

▲ 图6.46

第二阶段——线稿的提取

训练素材：

（1）色调标准（如图 6.47 所示）。

浅色调　　　　　　中色调　　　　　　重色调

▲ 图 6.47

（2）临摹范本（如图 6.48 所示）。

训练标准要求：

● 能否"依葫芦画瓢"根据色膏提取出线稿是所有 CG 线条绘制能力的基础。

● 做好对比和修改。

优秀学生作业：

作业完成后应该如图 6.49 所示带上修改的步骤。

第三阶段——平面武器的绘制

训练素材：

带马赛克的武器道具图（如图 6.50 所示）和人物身上的装备图（如图 6.51 所示）。

▲ 图 6.48

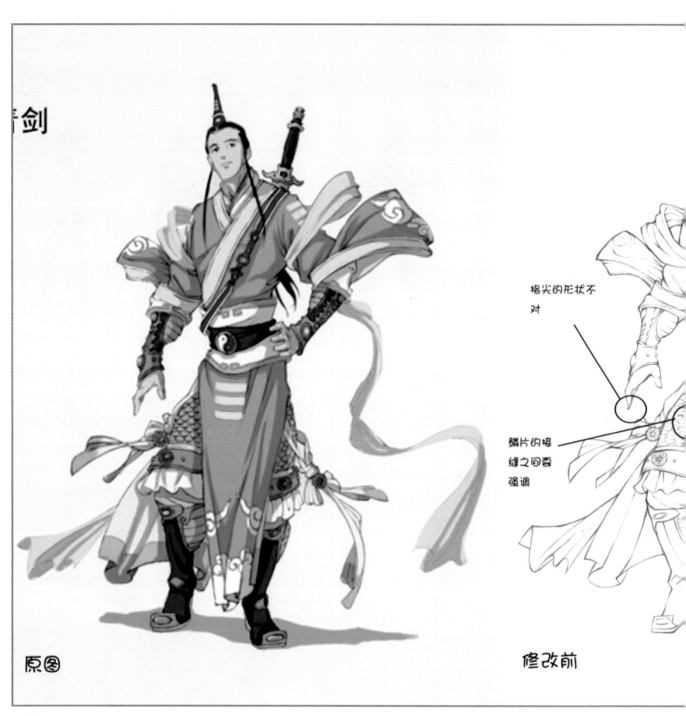

断剑

原图

修改前

指尖的形状不
对

鳞片的接
缝之间要
强调

▲ 图 6.49

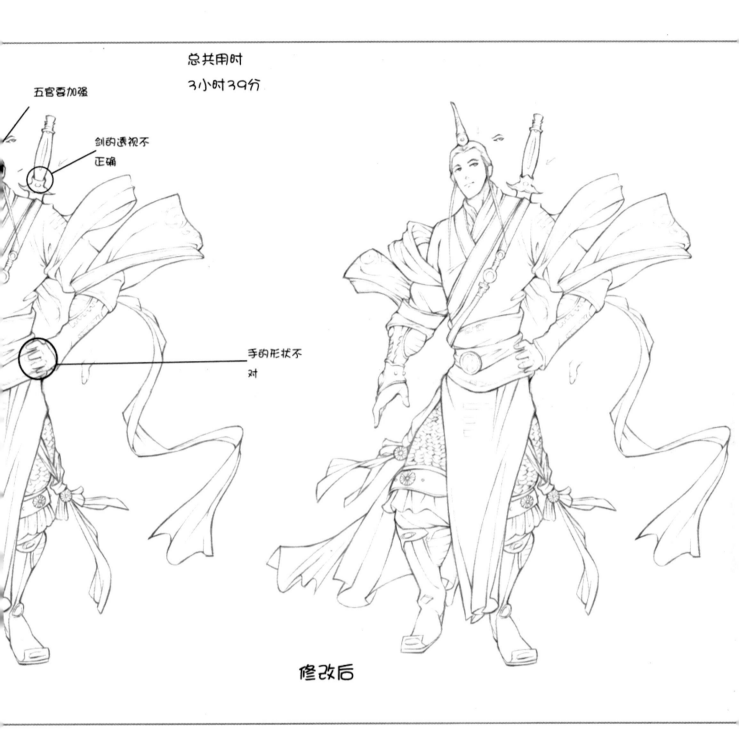

总共用时
3小时39分

五官要加强

剑的透视不
正确

手的形状不
对

修改后

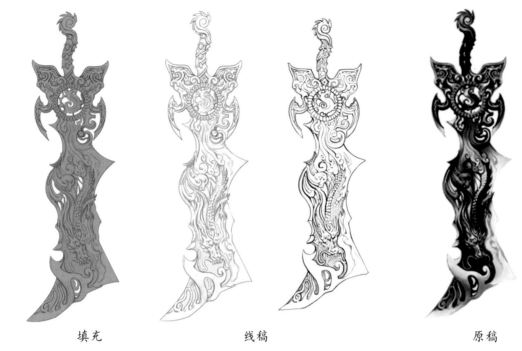

填充　　　　　　　　　　线稿　　　　　　　　　　原稿

▲ 图 6.50

▲ 图 6.51

训练标准要求：

● 画出体积感。

● 注意形体之间的逻辑关系。

存在的问题：

（1）线条应干净、整洁，如图 6.52 所示。

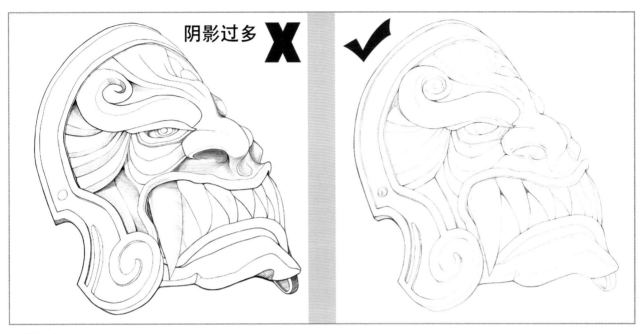

▲ 图6.52

（2）线条软硬的问题，如图 6.53 所示。

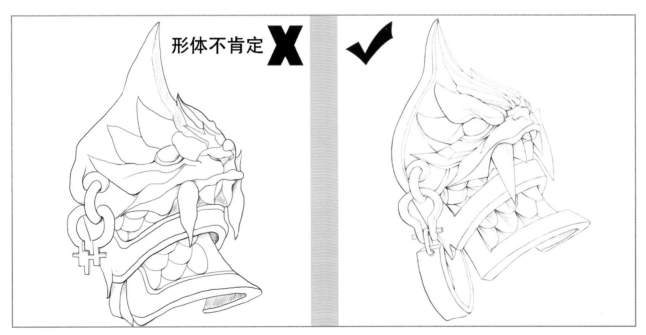

▲ 图6.53

优秀学生作业如图 6.54 所示。

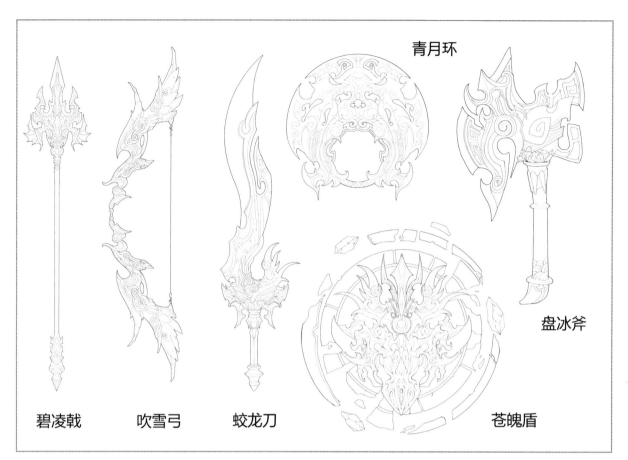

青月环

盘冰斧

碧凌戟　　吹雪弓　　蛟龙刀　　苍魄盾

▲ 图 6.54

第四阶段——带场景的线稿训练

训练素材：

完整的场景图（如图 6.55 所示）。

▲ 图 6.55

训练标准要求：

● 将彩色的场景转换为黑白线稿。

● 线条表现要丰富且富有层次。

优秀学生作业：

在具体的彩色转换线稿的表现手法上可以参考不只一张资料，并且最好按如图 6.56 所示罗列到旁边。

▲ 图 6.56

特别说明：

以上训练按照顺序完成，其难度是逐步递增的。如果第一个训练没有完成好，那么后面的训练肯定无法完成。

线条训练在我的培训班的课程里作为基础训练的重要项目，近 10 年来一直被我当作重点来抓。每个经过 CIN 线条训练的同学都在日后的工作中受益匪浅，许多现在已经成为了业界的高手。如果你也想成为他们中的一员，就请戒骄戒躁，耐心地拿起你的笔（如图 6.57 所示）。

▲ 图 6.57

第七章
画出你的第一张CG作品

关于CG插画的基础实战

完成了那么多技能点的学习，本章就来实战。我们会结合前面的技能点由浅入深地向大家展示CG绘画的过程。按照书中罗列的步骤和技巧，在计算机里同步完成，就能带来最直接的学习效果。

第一节　小蜜蜂的绘制过程

> 这是一个最为基础和简单的人物绘制过程。只要你勇敢地拿起笔，按照讲解一步一步大胆地实践，就能获得有益的体验。

首先，使用"原画超级喷枪"来绘制线稿。有人可能疑惑，喷枪怎么能绘制线稿呢？前面我们讲了笔刷的属性，放大与缩小同一支笔刷所得到的效果是可以截然不同的（如图7.1所示）。

然后我们使用"魔棒工具"选择线稿的外部，将整个人物的范围选择出来。这里值得注意的是将线稿里那些没有封闭的部分给封闭了（如图7.2所示）。

▲ 图7.1

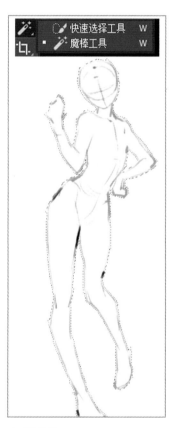

▲ 图7.2

接下来，我们要为人物选区填充颜色。注意图层的逻辑关系如下：

● 线稿在最上一层，且图层的"混合模式"为"正片叠底"。

● 人物的颜色层以皮肤色绘制。至于什么是皮肤色，随便找一张看得顺眼的皮肤色的图用吸管工具吸色即可（如图7.3所示）。

在人物的底色图层上新建一个图层，然后在上面绘制人物身体的立体感。注意，线稿始终保持在最上一层，而底色层仍然保持不变（如图7.4所示）。

▲ 图 7.3

▲ 图 7.4

提示：底色与皮肤阴影分层的道理很简单。为了方便调色，可以把皮肤调色成如图 7.5 所示的状态。

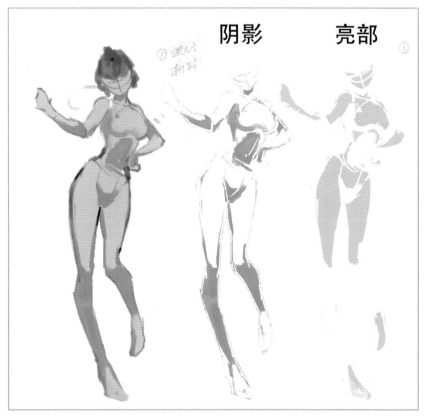

阴影　　　亮部

▲ 图 7.5

之后再新建一个图层，为人物画上衣服。为人物"穿"衣服，一定要按照由内往外的顺序进行，如图 7.6、图 7.7、图 7.8 和图 7.9 所示。

▲ 图 7.6　　　　　　　　　　▲ 图 7.7　　　　　　　　　　▲ 图 7.8

▲ 图 7.9

接下来我们采用基本形设计的思路，以圆形作为基本形给人物添加主要的结构。注意：基本形主要往形体转折的地方放置，比如关节位置等。这样可以起到强化形体结构和增加画面力量的作用（如图 7.10 和图 7.11 所示）。

▲ 图 7.10

要将人物的面部特征和气质交代出来，比如这个人物是一个什么样的人，以及给人什么感觉等。同时，部分装饰物、衣帽的特点都需要在这个阶段交代清楚。

▲ 图 7.11

　　面部的颜色采用 Painter 的水彩笔来完成。这是一种非常好用的数字水彩笔，来自经典的绘画软件 Painter（如图 7.12 所示）。

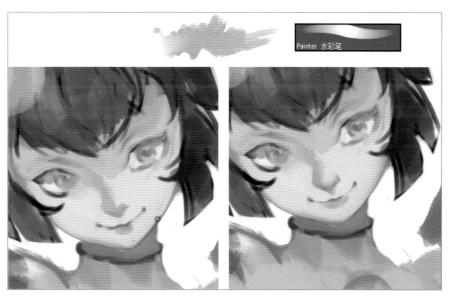

▲ 图 7.12

　　这里再次出现了基本形在造型中的运用。肩膀的盔甲按照基本形变化不断重复与叠加。有没有想起以前的基本形造型训练呢（如图 7.13 所示）？

▲ 图 7.13

　　在基本形训练里有一个点对点添加肩甲的办法，可以把复杂的形体概括成简单的形体，再用关键点——对应（如图 7.14 所示）。

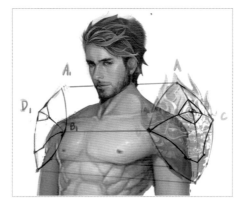

▲ 图 7.14

　　刻画时一定要围绕着边线展开。画出线条、修正线条、强化线条，要把颜色和线条结合起来就是刻画的所有秘密。图 7.15 中手的绘画过程就是按照这样的逻辑完成的。

▲ 图 7.15

　　如果遇到特别规则的椭圆形，千万不要用手画，最好采用椭圆工具直接拖出来，然后描边（如图 7.16 所示）。

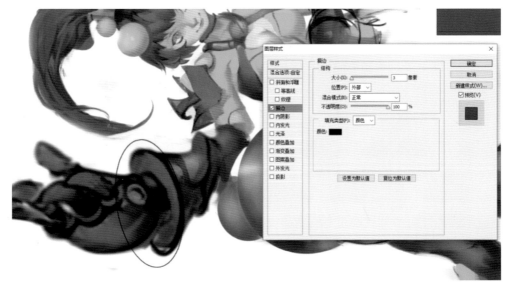

▲ 图 7.16

在头发的绘制过程中，我们可以看到线条是在添加颜色之后加上去的，这是标准的厚涂法的顺序（如图 7.17 所示）。

▲ 图 7.17

这里再讲一讲关于涂抹和过渡的技巧。如果你的用笔方向没有顺着事物本身的结构，那么很有可能无法做出均匀好看的过渡（如图 7.18 所示）。

关于造型的形状也要特别提一下：绘画中几乎所有的形状都是画家主观表达的结果。只不过他们用了一些所谓的窍门，所以让这些胡编乱造的形体看上去很逼真。这样的窍门就是形体一定要富有变化。比如图 7.19 中的形体既有清楚的形状，又慢慢变宽大产生了过渡地带，这样就产生了腋下的感觉。

同样的方式还出现在左边的宝石上——上面表示高光的形状没有一个是均匀雷同、死板的（如图 7.20 所示）。

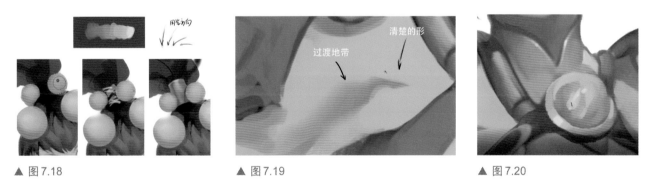

▲ 图 7.18   ▲ 图 7.19   ▲ 图 7.20

画一会儿我们就要停下来仔细地观察一下，不要盲目地无意识地乱画。我们需要看看目前画面里最为突出的矛盾在哪里，也就是最不好看的地方，一定要先解决这些地方的问题。很多学生总是抓住一些细枝末节的地方，无论怎么画，画面的效果变化都不大。

最后我们来看一下最终的结果（如图 7.21 所示）。

第二节 厚涂角色人物的绘制过程

经过了漫长的学习，下面开始进入提高篇的实战部分。在本节，我们可以领略到 CG 创作中最为顶级的一些概念。如果在学习的过程中遇到困难，千万不要沮丧，仔细回忆前面所学的知识，你就能发现，其实再复杂的内容也是前面基础的技能点的灵活运用。那么下面就以这张红武士的作品作为案例开始本章的学习。

这里我们使用 SAI 绘画软件（在网上下载即可）。

绘制黑白

打开 SAI，直接绘制出一个大的轮廓。我们可以采用前面提到的观察法来开阔整体的形状。

选择"笔"这个数字水彩画笔，先按如图 7.22 所示刷几下看效果。这种数字水彩笔的效果和 Photoshop 里的"Painter 水彩"笔极其相似 。

如果遇到整体比例都需要调整的时候，建议把图像导入到 Photoshop 里进行调整，按快捷键 Ctrl+T 即可调用调整工具（如图 7.23 所示）。

▲ 图 7.22

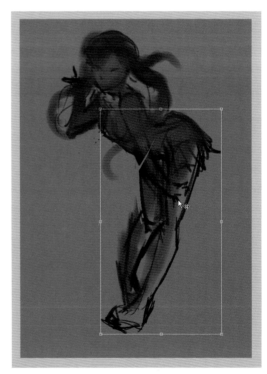

▲ 图 7.23

提示：在 SAI 里进行图像的编辑不是很方便，所以有时我们会结合使用多个软件。

我们还是从一个基本的圆形开始，这是画所有面部的基础。注意中间的十字线，这是五官的轴承，一点儿都不能错，否则五官是扭曲的。在这个步骤注意眼角与眼角——对应的透视关系（如图 7.24 所示）。

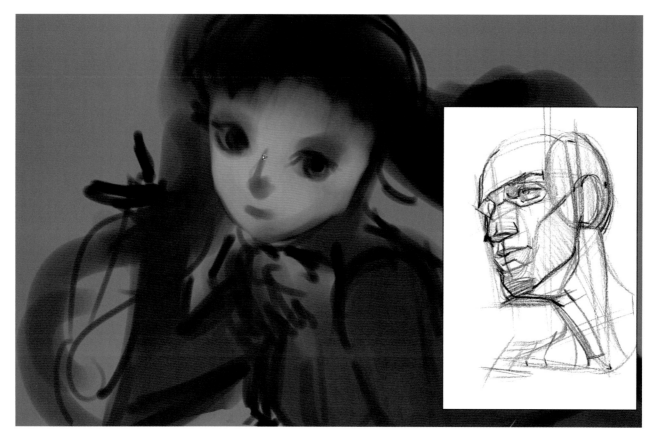

▲ 图 7.24

前面提到过，人物的眼神一般情况下要看向观众，而让人物看观众的诀窍就是黑色的面积向右边靠，所以我们直接选择眼珠，向右拉动即可（如图 7.25 所示）。

同时在造型的时候别忘记明暗交界线、投影、眼线等部位的刻画，这些要素是我们学习美术必须掌握的基础技能，也是软件所不能代替的基本能力（如图 7.26 所示）。

▲ 图 7.25   ▲ 图 7.26

下面总结一下从起形到完成全身的整体过程。从这个过程中可以看出以下 3 个要点：

（1）骨骼（也就是大形）是需要首先熟练掌握的。我们对各种动漫造型的动态表现及形体比例要非常熟悉，否则后面一切的绘画渲染都是没有用的（如图 7.27 所示）。

（2）面部的描绘是所有描绘的开始，也是极其重要的部分，前面曾提到卡通形象是"靠脸吃饭"的，这一点在本教程里表现得比较充分（如图7.28所示）。

（3）人物的黑白灰表现绝对是整个画面的重点，所以即使是采用彩色模式来完成的作品，也不要忘记画面里必须有大面积集中的黑色（如图7.29所示）。

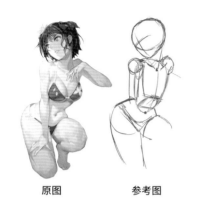

原图　　　　参考图

▲ 图7.27

▲ 图7.28

▲ 图7.29

罩染颜色

我们打开Photoshop，找到标准压感笔——一种比较适合绘制卡通人物的笔刷。我们将使用它完成后面所有内容的绘制。但是不要将"不透明度"设置成100%，这样就没有了半透明的感觉。我们后面的绘画都会采用这一类的笔刷展开（如图7.30所示）。

那么颜色是如何被罩染到画面上的，我们可以通过图7.31看到。当我们使用Color burn笔刷模式在一个图层属性为Color的新建图层上绘画的时候，就能赋予一个黑白的物体以彩色。

▲ 图7.30

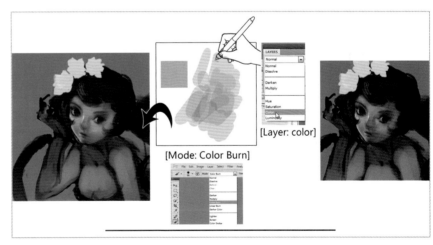

▲ 图7.31

头部的描绘是在黑白底色的基础上完成的，属于逐层叠加法的范畴，在这一步我们确立了各个部分明确的色彩。

从反光的补色（灰蓝色）、明暗交界线的固有色（暖红灰色）到亮部的浅灰色（浅灰红），都在事先确定好了。这使得我们的绘画工作变得合理有序（如图7.32所示）。

如果改变底色为纯红色，可以看到一个有趣的现象：画面中没有被覆盖的地方透出了底色，这时画面的色彩变得更丰富（如图 7.33 所示）。

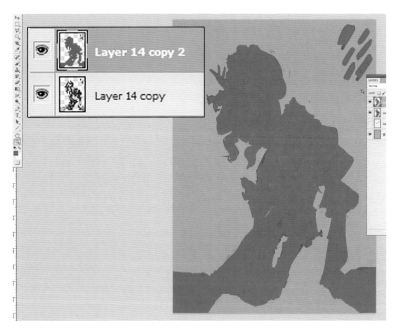

▲ 图 7.33

在 Photoshop 里使用纯色作为反光加到暗部，然后将这个颜色和周围的颜色混合到一起，产生出新的色彩（如图 7.34 所示）。

在 Photoshop 中绘画，颜色往往是混合出来的，而不是选出来的。

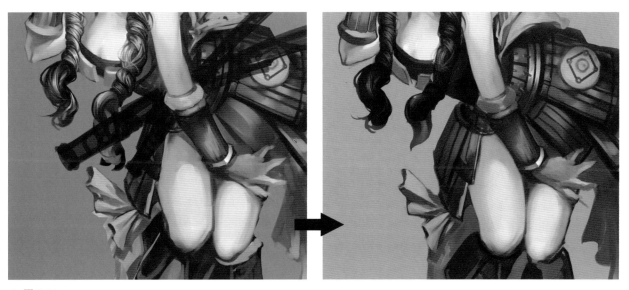

▲ 图 7.34

白色花朵的尖部偏向于蓝色和紫色的感觉，这也说明了颜色表达在整体与变化之间的统一（如图 7.35 所示）。

▲ 图 7.35

　　除了加强边线的清晰度外，物体表现的三大要素也不要忘记，那就是"高光""反光"和"明暗交界线"。

　　也就是说，只要你准备刻画一个物体，就要条件反射地绘制这三个部分的关系，这样才能提高速度（如图 7.36 所示）。

　　到这个步骤，为暗部添加一些鲜艳的红色，这些颜色非常关键。一方面它们可以让画面的润色效果变得明显，另一方面也使得枯燥乏味的暗部具有了透明感和生命力。只不过同样的红色在不同的区域表现出的是不同的含义。在眼角表现的是眼角丰富的末梢血管，而在面颊则变成了腮红，到耳根就变成了反光，仅此而已（如图 7.37 所示）。

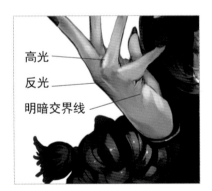

▲ 图 7.36

▲ 图 7.37

　　头部的刻画要特别注意以下两点：

　　（1）在修改之前，人的面部没有经过化妆。何为化妆？大家肯定见过网络上的美女照片，可见化妆对于美化一个人的重要性。化妆究竟有哪些具体步骤呢？其一是一定要"勾眼线，上眼影，挑眉角"，大家可以在修改过的作品里，看看这些步骤是如何体现的（如图 7.38 所示）。

（2）除了化妆之外，修改过的作品还强化了细节的形状。什么是形状？就是我们在修改之前的作品里，对于很多部分的感受都是模糊的，但是在修改后的作品里，暗部、亮部、投影、发梢等部分都变得清晰可见了（如图 7.39 所示）。

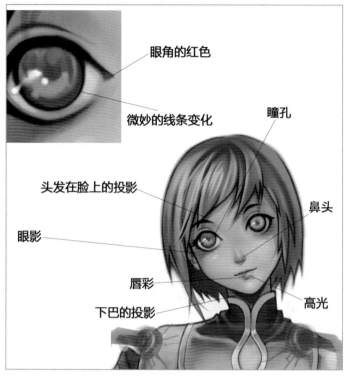

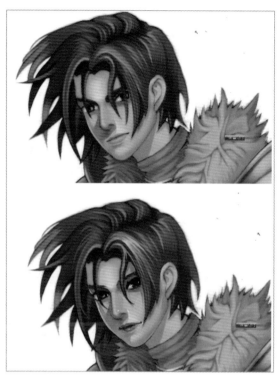

▲ 图 7.38

▲ 图 7.39

对胸部的刻画需要参考真实的人物照片，但是由于造型风格不同，不能完全按照照片的细节来刻画，需要做一些人为的取舍（如图 7.40 所示）。

▲ 图 7.40

对于脚部造型的刻画，不要把每个脚趾都画得一模一样，脚趾之间的变化是很明显的，可以脱下鞋子看看自己的脚，如图 7.41 所示脚就是照着我自己的脚画的。

贴图与修饰

很多门外汉看不起使用照片进行绘制的画家，"遗憾"的是，大量的 CG 画家都采用照片作为参考进行创作。CG 绘画使用照片，是软件功能所赋予的，而且有两个重要的原

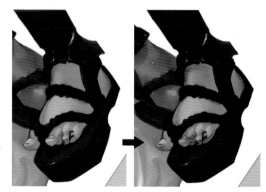

▲ 图 7.41

因是我们必须接受的事实：

● CG 是因为效率高而产生的绘画方式，CG 创作如果不能提高绘画效率，那么改画油画岂不是更好？

● 商业绘画是 CG 艺术的本质，追求低成本与高效率是商业艺术能够生存的原因。如果连一张素材都要自己去画，那 CG 艺术也不会发展得如此之好。

其实对于这些基本的概念，外国的创作者要比我们理解得深刻得多。中国的 CG 学习者在这方面的意识还需要加强。首先，我们选用一张照片作为文身素材，直接将素材贴到人物的肩部，然后擦掉周围的部分（如图 7.42 和图 7.43 所示）。

▲ 图 7.42

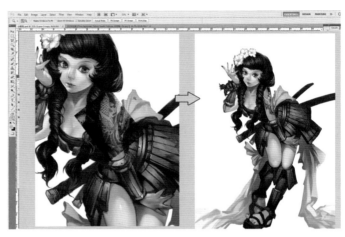

▲ 图 7.43

此时，我们观察图 7.44 的左图，发现效果并不好，需要加强体积感，因为文身贴图附着在一个有体积感的肩膀上，所以文身的起伏和肩膀的起伏也必须保持一致，如图 7.44 所示。

使用真实的刀柄图片来完善作品的细节，同时将文身的黑色修正为绿色。选择绿色的理由在于整个色调为红色，而绿色恰恰是红色的补色（如图 7.45 所示）。

▲ 图 7.44

▲ 图 7.45

如果贴图以后发现给人虚假感，就用"模糊"滤镜里的"表面模糊"来处理一下，一般选择模糊 2 ～ 3 像素（如图 7.46 所示）。

如果觉得有些部分的笔触过于光滑，我们按图 7.47 一样使用一些带底纹的笔刷加强一下质感。至于用什么笔去画，我的建议就是多试验，多发现一些稀奇古怪的效果。这样才有发现的乐趣，如果仅仅是别人告诉你用什么，你就只用什么，那么你所获得的就会少很多。

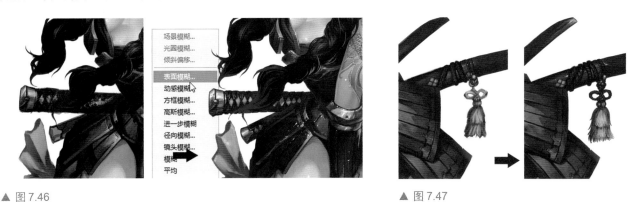

▲ 图 7.46　　　　　　　　　　　　　　　　　　　　　　　　　▲ 图 7.47

材质与纹理

使用"破斑纹"笔刷为护手增加斑驳的细节。在 CG 绘画中很多类似的细节都是通过底纹类的画笔完成的。如果不熟悉，记得复习一下关于笔刷类型的章节（如图 7.48 所示）。

"SA 雕文 - 坑地"是一种质感很强的笔刷，用来进行精致的刻画效果特别明显（如图 7.49 所示）。

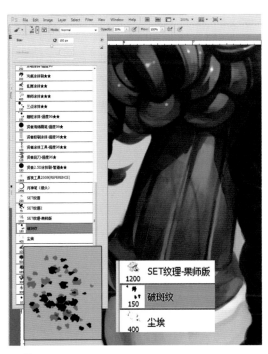

▲ 图 7.48

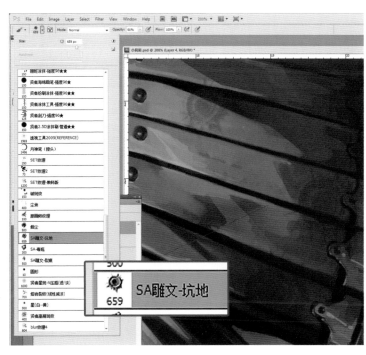

▲ 图 7.49

为物体的边缘、裂痕的边缘点入点状的细小高光，可以有效地增强视觉上的精致感（如图 7.50 所示）。

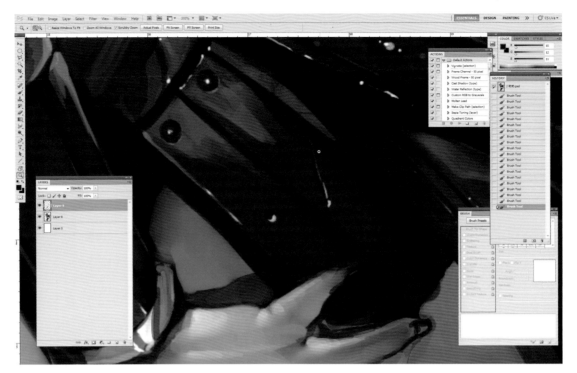

▲ 图 7.50

下面对比一下有高光点与没有高光点的区别（如图 7.51 所示）。

▲ 图 7.51

最后完成这张可爱的红武士的立绘（如图 7.52 所示）。在这个案例里，大家要重点把握一下如下技术要点：

- 重点部位的处理技巧，比如面部、胸部等。
- 贴图的技巧。
- 特殊笔刷的使用技巧，比如纹理等。

▲ 图 7.52

第三节　绘制动漫的核心技巧

经过一系列的实战之后，部分学生已经可以完成人物的立绘了。但是似乎这些作业离作品还有明显的差距。究竟问题出在哪里？本节通过一个案例给大家展示 CG 人物设计的修改过程。

学生 A 画了一张北欧女武神的立绘（如图 7.53 所示），我看了之后提笔就改。为什么？因为一个经过学习的初学者的问题往往不是会与不会，而是做到了什么程度。跑步谁不会，可是你能跑过奥运选手吗？其实在漫长的教学时光中，我给学生改过不止一次这样的作品（如图 7.54 所示）。说明一个问题：绘画学习的进步不是哪一个方面的进步，而是全面的进步。

▲ 图 7.53

修改前　　　　　　　修改后

▲ 图 7.54

大形的修正

首先要修改的就是形的问题。在 Photoshop 里修改大形最常采用的快捷键就是 Ctrl+T。原始作品的问题在于物体的边缘缺乏曲度，如图 7.55 所示。

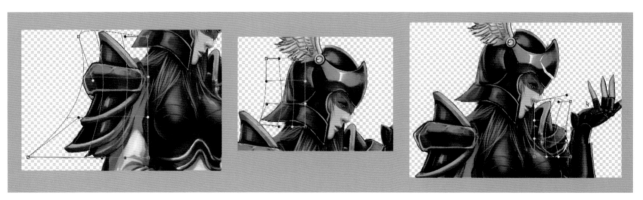

▲ 图 7.55

大家可以仔细看看，经过了曲度变化的盔甲是不是变得好看了许多（如图 7.56 所示）？

▲ 图 7.56

除了单个物体的边缘曲度以外，还可以通过快捷键 Ctrl+T 直接修正人物的动态，如图 7.57 所示。

▲ 图 7.57

关于对称的活用

在绘画中，我们总能遇到一些左右对称的形，比如人物的左右肩甲等。这些形状很复杂，如果重复画一遍会很麻烦。这时最简单的处理方法就是：

- 直接复制。
- 反转镜像。
- 缩小（因为有透视）。
- 按快捷键 Ctrl+T 调出自由变换控制框，单击鼠标右键，选择"变形"命令（因为有透视）。
- 调色/降低对比度（因为有空间远近），如图 7.58 和图 7.59 所示。

▲ 图 7.58

▲ 图 7.59

按快捷键 Ctrl+M 调出"曲线"对话框可以很容易地调整画面的对比度，如图 7.60 所示。

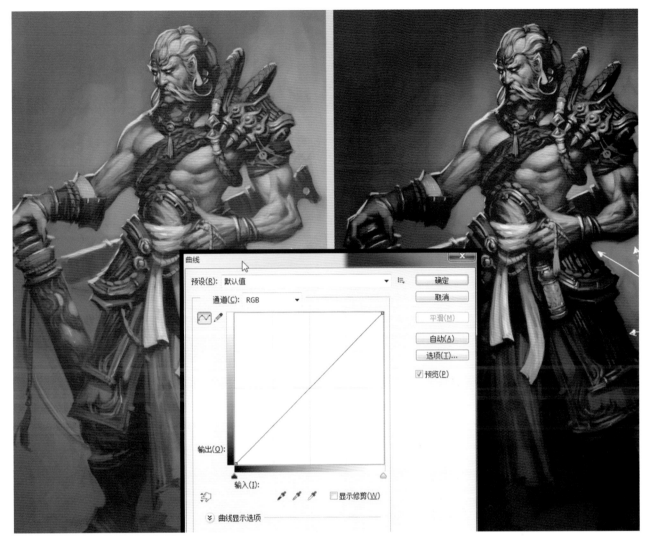

▲ 图 7.60

大色的修正

形体调整完之后就是颜色的调整。此原始作品的颜色很黑，没有色彩感，所以我用快捷键 Ctrl+U 调出"色相/饱和度"对话框直接把画面变得鲜艳（如图 7.61 所示）。

但是"硬调"肯定是不够的，还需要画，对比原图，我们将暗部的反光加强，同时扩大亮部的面积，让画面变得更加明亮。

▲ 图7.61

这里有个潜在的视觉处理逻辑：一张素描关系较好的画面，最黑的部分必须仅仅是边线，别的地方不能太黑，至少不能和边线黑成一团，如图7.62所示。

▲ 图7.62

在图 7.63 中我们能看到更加分明的修改前后的对比结果。

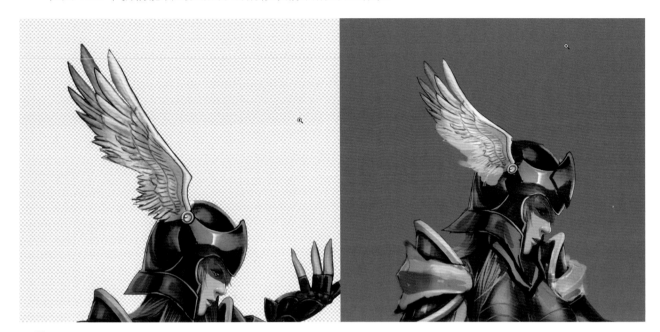

▲ 图 7.63

请仔细看看图 7.64 中面部表情的修改。

▲ 图 7.64

（1）决定表情的关键要素就是嘴角和眼角，加强这两个部分就能收到立竿见影的效果。

（2）强化了面部的体积感和光影对比——有光影的面部和没有光影的面部是截然不同的。

盔甲的光泽

这里我们把盔甲处理为高反光物。所谓高反光物体就是高光和反光同样明亮（如图 7.65 所示）。

物体的质感分为 4 种："透明体""不反光体""亚光体""高反光体"，如图 7.66 所示。

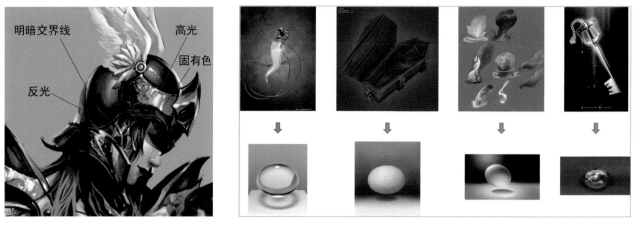

▲ 图 7.65   ▲ 图 7.66

同一质感具有无穷的差异性，所以画质感只掌握基本画法即可，更多的细节靠参考资料补充。图 7.67 中展示了质感构成的要素，用这些要素可以依葫芦画瓢地刻画盔甲的质感。

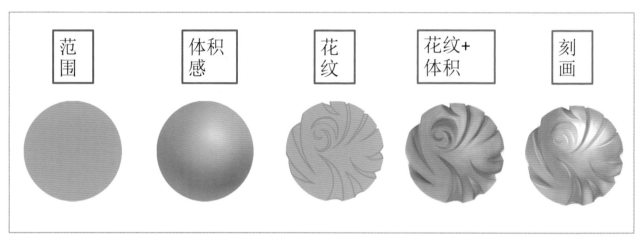

▲ 图 7.67

刻画的第一原则是让线条更加清晰，如图 7.68 所示，划分物体的边缘线不但更加清晰了，同时更加规则，层次更加丰富，高光的形状也更加清晰可辨。

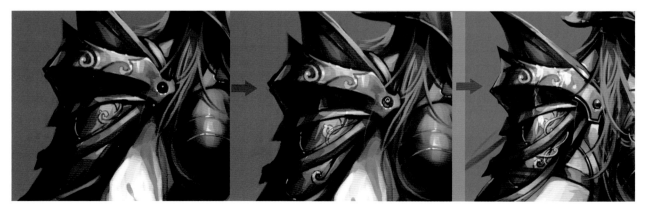

▲ 图 7.68

所有的反光我建议都采用一种补色，就可以完成了，这种补色的特点是：

● 鲜艳。

● 对比强烈（如图 7.69 所示）。

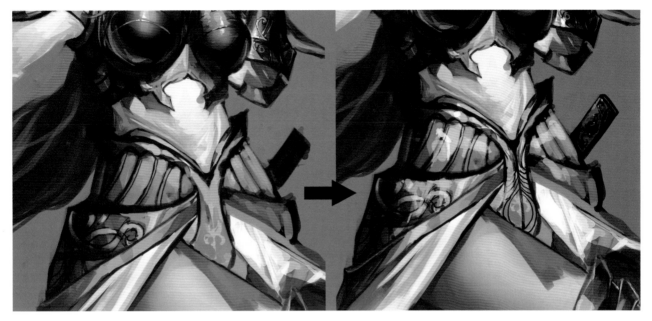

▲ 图 7.69

我们可以在对比图中再次比较有无花纹与质感表现的盔甲之间的巨大差别，如图 7.70 所示。

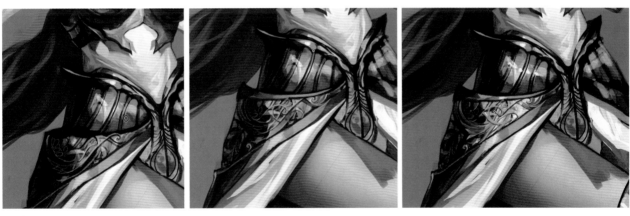

▲ 图 7.70

一些重要的细节

手指甲是表现手部细节的关键，但是男性和女性的指甲各有不同。男性的手指甲比较方，而女性的手指甲比较尖，如图 7.71 所示。

注意手指在不同角度下的形态不同，再临摹几次范本，基本上就都能掌握手指的画法了，如图 7.72 和图 7.73 所示。

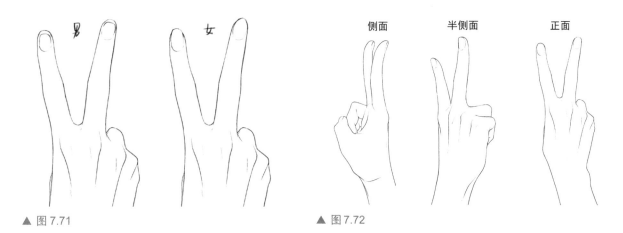

▲ 图 7.71

侧面   半侧面   正面

▲ 图 7.72

▲ 图 7.73

素材怎么加工

一般人物身上都会带有一些武器。这些武器其实不可小看，它们虽然没有什么难度，但却是细节的重点。首先，我们会用一个剪影代替武器的范围，如图 7.74 所示。然后按如图 7.75 所示，用一把现成的武器贴上去修改。

▲ 图 7.74

▲ 图 7.75

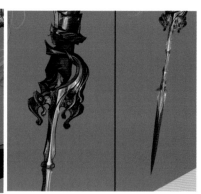

为何不自己画一把刀呢？答案是完全没有必要，理由如下：

● CG已经发展到云数据时代，仅一把剑的参考就已经破万。就像现在的工程师，他们不会从基础的物理开始研究一样，我们只需进行模块化的组合即可。

● CG的本质是生产，效率非常重要，如果你画一把刀就花了好几个小时，我只能说时间对你来说太廉价。人一生只有两万多天，有效工作的时间还不到5000天。

● 绘画工作在乎结果，过程永远不重要。画作效果好，画的过程才有意义，否则就是浪费时间。

要想这把刀剑的最后效果没有贴图的虚假感，你需要进行如下步骤：

（1）选择"模糊"滤镜中的"表面模糊"消除贴图形成的马赛克，如图7.76所示。

（2）强化边线的清晰度。

（3）强化高光、反光、明暗交界线的清晰度。

（4）夸张反光的色彩，这里用的是浓度很高的红色，如图7.77所示。

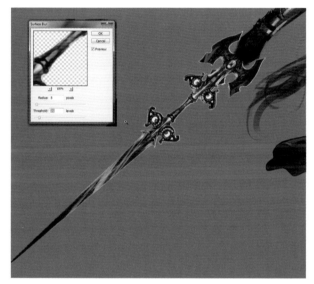
▲ 图7.76

▲ 图7.77

能够绘制出单个动漫人物角色是所有CG学习者的基本绘制项目。掌握其中必要的技术要点是让你的技术更上一个台阶的坚实保障。绘制这些动漫角色需要你满怀热情地去体验这些生动角色本身的造型特点和美学感染力，而不能仅仅是当成一个形体去描绘。

图7.78

第八章
走向你心中的高手

关于CG插画的高级实战

　　高手的作品为何那么优秀？为何我所有的基础技能都掌握了，还是没有办法画得那么好呢？在本书最后一章，我将带领大家从更高的技法角度理解CG绘画的创作要点，破解CG的终极秘密。

第一节　CG 绘画的核心结构

2017 年 11 月，我为动画电影《钟馗》绘制了海报。本节就以这个海报绘制过程中的思维结构为例向大家剖析 CG 绘画创作中的基本逻辑关系。

如果我问："绘画第一步考虑的是什么？"很多学生会回答："当然是构图啊！"我说："错！如果是手绘，你必须考虑构图。因为画面中各个物体摆放的位置错了是没有办法修改的。但是，CG 就没有这个问题。因为 CG 可以根据需要任意裁剪画面构图。"

（1）CG 绘画的第一步应该是确定主体物的动态。

这里我提供了两个版本给对方选择，如图 8.1 和图 8.2 所示。最后制片方选择了左边的方案。至于哪个方案好，我个人觉得都不重要，重要的是客户满意。我们做插画最重要的就在于让你的客户满意。

至于某些插画师抱怨客户如何为难自己，其实都是水平不专业造成的。既然你的工作就是画出让客户满意的作品，那就专注于项目本身，别想着去改变客户。

（2）之后动态推导出周围的景物，基本逻辑如下：钟馗——鬼怪——书画。所以会出现钟馗踩在小鬼的身上，而小鬼从画里飞出的画面。

以上思维就是一种典型的主体带动思维，一个画面元素带动下一个元素。如果上一个元素不出现，就没有必要考虑下一个元素。比如：钟馗的动态不确定就没有必要考虑它踩在什么东西上，而小鬼不出现也就没有必要考虑是否有卷轴、甚至采用哪种构图等，如图 8.3 所示。

有了构图以后，我们应该给客户展示大致的色稿。这里我把第一次的稿子展示给大家看看，是不是特别像鬼片（如图 8.4 所示）？所以这个版本我自己就否定了。

但是如果我不改变看事物的角度，总是认为自己画这个稿子有多累，那么我就肯定不愿意修改，也就不可能提供更多的可能性给客户。

▲ 图 8.1

▲ 图 8.2

▲ 图 8.3

▲ 图 8.4

如果此时对所谓的背景还拿不定主意，可以先刻画主体。至于光影、色彩之类的，都可以后期再调，如图 8.5 和图 8.6 所示。

▲ 图 8.5

▲ 图 8.6

（3）接下来给画面带上背景。背景是一张完整的图片，不需要分层。原因如图 8.7 所示。

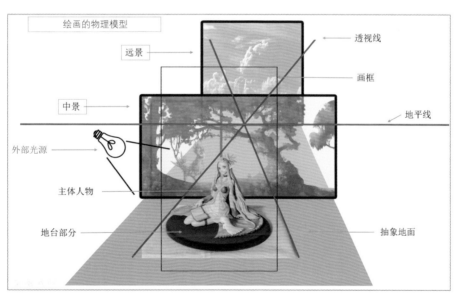

▲ 图 8.7

　　一切绘画都可以用上面的物理模型加以解释。色调不同只是换背景图的区别，所以在这个模型里，所有的绘画元素都是可以拆开来理解的。

　　此时，画面还是会有强烈的协调感。别怕，所谓的协调感在绘画里不过就是黑白对比雷同造成的。只要仔细对比图 8.8 所示的效果就知道。左图仅仅是把上一个步骤的图直接转换成黑白的结果，而右图则是在上面罩了一层正片叠底图层的结果。是不是右边那张更自然呢？

所以，我们只需要在人物图层上新建一个渐变色图层，同时将这个图层的"混合模式"设置为"正片叠底"，即可得到图 8.9 和图 8.10 所示的效果。

如图 8.11 所示是本幅作品的图层结构。这个结构也反映了普遍的带背景画面的逻辑结构。

首先是"背景"，"背景"之上是"主体物"，之后开始添加"特效和光效"，最后是"文字和版式"。

▲ 图 8.8

▲ 图 8.9

▲ 图 8.10

▲ 图 8.11

下面分别说明每个部分的光效。

（1）胡子的光效是用强光实现的，如图 8.12 所示。

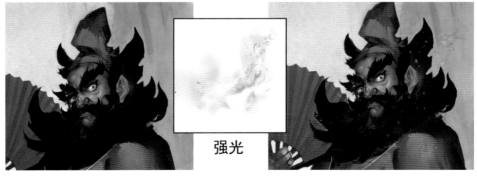

强光

▲ 图 8.12

（2）袖子的火光用了照片素材和一堆杂乱的笔触构成的混合体，本质上是让内部的光线清晰，外面的光线模糊，如图8.13所示。

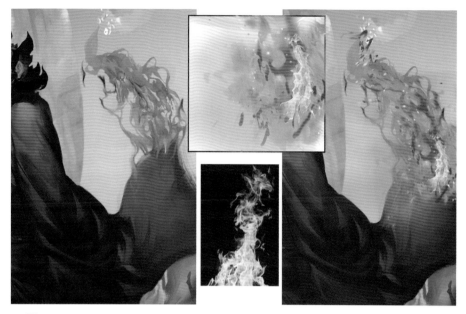

▲ 图 8.13

（3）飞石分为两个不同的层次，有飞石本体，还有用"动感模糊"做出的运动特效，如图 8.14 所示。

▲ 图 8.14

（4）选择一张现成的火焰图片，网上有很多这样的素材，然后选择"强光"混合模式就能在画面上做出类似图8.15所示的逼真效果。

▲ 图 8.15

画卷采用了"Sampled Brush"笔刷来进行绘制，这个在我给大家提供的笔刷包里有。同时火焰的效果采用了素材照片，如图8.16所示。

符咒可以先多画几个，再进行复制，这样用多少都没有问题。当然前提是不能雷同，必须做一定的修改，让每一个符咒看起来都不一样，如图8.17所示。

▲ 图8.16

▲ 图8.17

底光是为了让小鬼和背景分离产生更好的空间感；而火星可以增加氛围，如图8.18所示。

我在画面的符咒处还加了一个小"彩蛋"，把我的名字做成了道符。其实很多画家都会在自己作品的某个角落刻意放上自己的名字，如图8.19所示。

▲ 图8.18

▲ 图8.19

最后，我们来欣赏一下原创手绘动画《钟馗》的电影海报，如图8.20所示。

《钟馗传奇之岁寒三友》（别名《钟馗外传》）是由晓寒执导的动画电影，定档宣传日期是12月2日，并发布了先导海报和预告。电影采取了纸上逐帧手绘的表现方式，历时6年制作完成，号称国内最后的手绘动画。

钟馗传奇
之岁寒三友

第二节 CG 绘画的综合技巧

本节将以一个更加综合的案例向大家展示 CG 制作最为复杂的技巧和理念。注意：如果前面的章节没有完全掌握，请不要阅读本节内容。

在网上你能找到的绝大部分写实 CG 都是对照片进行修改的产物。只不过照片修改的技巧各有不同，所以不能简单地一言以蔽之。同时修改照片所需的软件综合技能比较强，并非某些新手所认为的是很简单的事情，如图 8.21 所示。

要想画出写实的 CG，我们就必须学会利用照片。

首先，选择一张 3/4 侧面的照片。3/4 侧面是最能表现人物面部特征和美感的角度，绘制人物肖像一般都选择这个角度。

然后，将彩色直接转变为黑白效果，因为我们要利用黑白罩染法上色，如图 8.22 所示。

▲ 图 8.21

▲ 图 8.22

选择"原画纹理刷"等类似带有笔触的笔刷进行绘制，可以迅速让画面充满丰富的质感，如图 8.23 所示。

给角色选择一只合适的手。注意：CG 里面很多东西都不用你去画，选好照片完成贴图之后再加工。否则，一旦画错了，就前功尽弃，如图 8.24 所示。

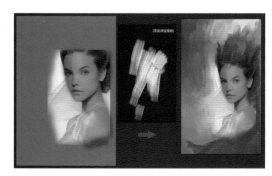

▲ 图 8.23

▲ 图 8.24

这种半身像的描绘最容易把肩膀画走形。原因就是在于被挡住的下半身会给我们带来误判。所以我一般会参考动漫的人体比例将人物的全身进行补全，之后再裁剪，如图 8.25 所示。

我们只使用两个颜色来完成整个脸部的刻画，毕竟很多微妙的颜色变化是靠压感笔的轻重感应来完成的，绝对不是每次都要选择颜色。所以选择一款可靠的压力感应笔是学习 CG 绘画的关键所在，如图 8.26 所示。

▲ 图 8.25

▲ 图 8.26

盔甲及首饰的细节我们采用贴图来完成。如果透视不合适就先用快捷键 Ctrl+T 对贴图对象进行变形，之后再贴图。注意：大面积的贴图可以在颜色尚未完成的时候就进行，如图 8.27 和图 8.28 所示。

▲ 图 8.27

▲ 图 8.28

上色我们采用的是黑白罩染法，这种方法我在网上不止一次地反复阐述过。关键的要点就是首先选择一张你需要的色调的图片，然后进行"高斯模糊"，之后叠加到你前面画好的人物肖像的黑白效果上，设置图层的"混合模式"为"颜色"，如图 8.29 所示。

当然你也可以试着改变一下图层的混合模式，"正片叠底"与"颜色"这两种混合模式就能得到不同的效果，如图 8.30 所示。

▲ 图 8.29

▲ 图 8.30

贴图也可以在上完颜色之后进行，如图 8.31、8.32 所示面部的花纹和头上的装饰就是通过图片的叠加得到的。如果你非要问我为何我知道用这样的图片就是合适的，答案就是多试，因为我们都不知道最后的效果是什么。这幅作品就是尝试了很多张图片的结果。

▲ 图 8.31

▲ 图 8.32

在绘制手的过程中，我们可以看到总的刻画思路。初学者总是需要想好了再画，而职业画家是画出来了再对比着修改。总之，需要把你想表现的都在这个阶段画出来，不要怕画得不恰当，CG 是可以修改的。比如：我们观察第一张图会发现手的对比很微弱，没有立体感。于是我们想到立体感不过就是黑白对比强烈造成的视觉感受。于是我就果断地加强对比，让亮部和暗部更加分离。最后我在手背强调反光。只要一个物体的"五大调"俱全，那么这个物体就具有了立体感，如图 8.33 所示。

在画面中，无论是头发，还是面部肌肤，都采用了相同的补色来完成，只是形体的质感不同、形状不同，补色的面积和强弱会有相应的变化。具体说来，就是头发的反光按照物理的规律必定强于肌肤，如图 8.34 所示。

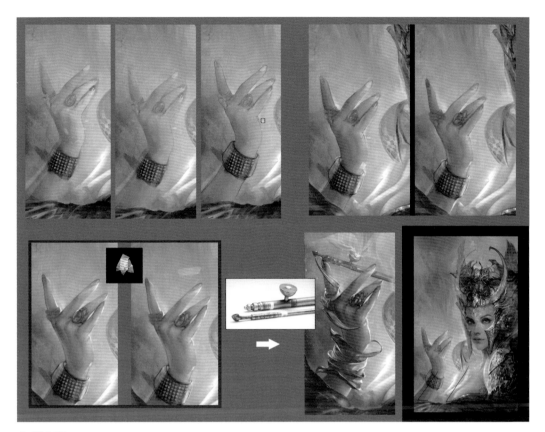

▲ 图 8.33

▲ 图 8.34

对于贴图之后的刻画有以下两个要点：

（1）强化边线，使轮廓感增强。

在图 8.35 和图 8.36 中，强化边缘使用的是"刮刀"，这种笔刷的优点在于可以制造出一边清晰一边模糊的笔触。然而，我们观察画面可以看出，很多写实画的边缘都是一边清晰一边模糊的，如果画出的是完全没有变化的线条，那么画面就会显得死板。

▲ 图 8.35

▲ 图 8.36

（2）提亮当光面，使得体积感增强（如图 8.37 所示）。

类似的过程在本作品背景中盘旋的精灵中可以看到。三个人物分别由模糊到清晰，随着立体感的逐步增强，人物在画面中变得突出。这种逻辑适合所有的写实绘画。

当你不知道怎么画的时候，不妨单纯地增加体积感，等"三大面"和"五大调"齐全的时候，自然就知道接下来该怎么做了，如图 8.38 所示。

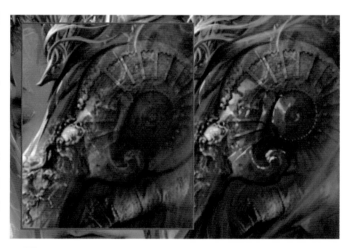

▲ 图 8.37

▲ 图 8.38

另外，补充一个小的处理技巧。在图中我们可以看到很多半透明的烟雾。这是怎么画的呢？首先使用图中所示套装中的"任意刻画笔"，然后新建一个图层，用橡皮轻轻擦掉 1/3，另外一边保持锐利。这样就得到了烟雾效果，如图 8.39 所示。

▲ 图 8.39

在我的另外一张作品《龙女》中所示的飞舞的袖子也采用了类似的技巧，如图 8.40 所示。

▲ 图 8.40

纵观整个过程，其实创作的思路和程序是非常简单明了的。需要提出的是，要主观地结合使用多重光源来表现形体。很多人在绘制 CG 作品的时候过分地按照物理的思维来设计光源，并且使用的是唯一的光源。其实真实的情况是，绘画里的光源是主观光源，画家可以按照自己的思路随意地加入任何你喜欢的光源，只是它们不能保持一样的强度，颜色也必须要有冷暖的区别，否则就无法区分了。

《蓝宝石》，2014 年 11 月创作（作者：陈惟）

·CG世界·

"感知CG · 感触创意 · 感受艺术 · 感悟心灵"

CG世界微信公众号创建于2013年，
是目前中国极具影响力的CG领域自媒体。

专注于3D动画、
影视特效后期制作、
AR/VR等多个领域的知识、
前沿技术、资讯、
行业教程以及资源分享。

目前拥有10万+订阅用户，
期待更多热爱CG的伙伴们
加入我们！

微信公众号：World_CG

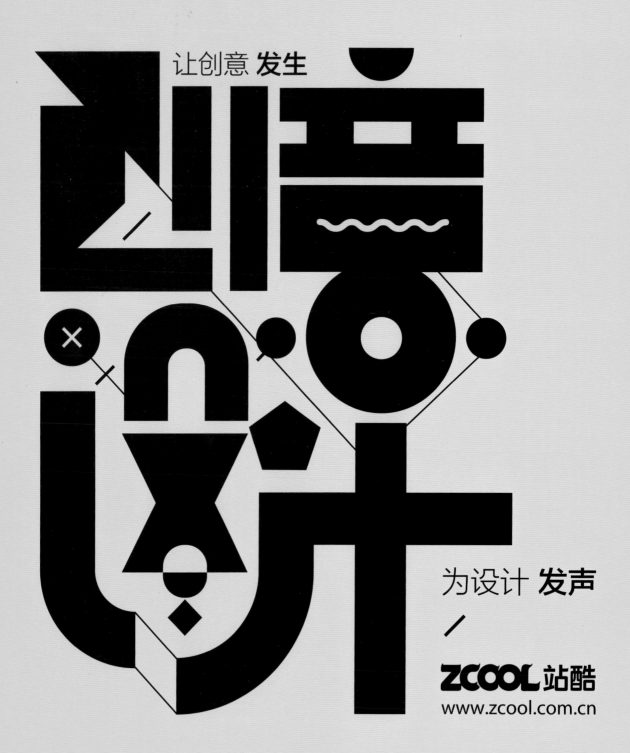

让创意 发生

为设计 发声

ZCOOL 站酷
www.zcool.com.cn